Impressum

Winterstarre bei Europäischen Landschildkröten
Naturnahe Vorbereitung und erfolgreiche Überwinterung
Ratgeber zur Haltung Europäischer Landschildkröten, Band 1

1. Auflage 2013

Kleintierverlag Thorsten Geier
Biebertal 2013
ISBN 978-3-9811212-9-2

Foto auf der Umschlagseite: Thorsten Geier

Fotos, wenn nicht anders angegeben: Thorsten Geier

Fachverlag für naturnahe Tierhaltung
Postfach 11 11
35441 Biebertal
Telefon: +49 (0)6409 6619485
Telefax: +49 (0)6409 6619485
E-Mail: info@kleintierverlag.de
Internet: www.kleintierverlag.de

Lektorat: Bernd Ehgart
Fachlektorat: Hans - Dieter Philippen
Umschlag und Buchgestaltung: Katharina Feld Design

Ratgeber zur Haltung Europäischer Landschildkröten, Band 1

THORSTEN GEIER

WINTERSTARRE
bei Europäischen Landschildkröten

Naturnahe Vorbereitung und erfolgreiche Überwinterung

THORSTEN GEIER
kleintierverlag.de
Fachverlag für naturnahe Tierhaltung

Inhalt

Zugvögel auf dem Weg nach Afrika

Vorwort

Zugvögel fliegen im Herbst nach Afrika, Katzen und Hunden wächst ein Winterfell, einige Froscharten lassen sich im Schnee einfrieren. Doch was machen Europäische Landschildkröten während dieser Kälteperiode?

Die Winterstarre ist in der Haltung Europäischer Landschildkröten ein alljährlich wiederkehrendes Ereignis. Dies gilt für die Tiere und natürlich auch für den Halter! Um diesen komplexen, sehr interessanten und vor allem wichtigen biologischen Vorgang exakt zu verstehen, habe ich das Thema „Überwinterung" nun in Buchform zusammengefasst. Es ist übrigens das erste deutschsprachige Buch, welches sich ausschließlich mit der Überwinterung beschäftigt! In der Reihe *Ratgeber zur Haltung Europäischer Landschildkröten* werden weitere interessante Titel erscheinen.

Aufgrund meiner jahrelangen Praxiserfahrung als Schildkrötenhalter, meiner Vorträge auf Schildkrötentagungen sowie durch den direkten Kontakt zu Hunderten von Schildkrötenhaltern kenne ich die Problematik der Überwinterung sehr genau. Viele Halter haben vor der jährlichen Winterstarre ein „mulmiges" Gefühl.

Ausgewachsene Griechische Landschildkröte *(Testudo hermanni boettgeri)* im Freigehege

Gerade Anfänger fühlen sich oft überfordert oder verspüren Beklemmung, wenn es im Herbst langsam kälter wird. Ich gebe gerne zu: Auch ich freue mich und bin erleichtert, wenn ich im Frühjahr alle meine Tiere wieder wohlbehalten in ihren Gehegen antreffe.

Dieses Buch bietet Ihnen detaillierte Informationen zur Winterstarre. Das soll Ihnen den Umgang mit diesen faszinierenden Tieren erleichtern, bei der Haltung mehr Sicherheit geben und zu einem besseren Verständnis der Überwinterung Ihrer Schildkröten verhelfen.
Es gilt, viele überkommene Praktiken und Denkmuster aufzubrechen. Deswegen kommen ganz bewusst auch solche Sachverhalte und Zusammenhänge zur Sprache, die auf den ersten Blick keine besondere Bedeutung haben mögen. Tatsächlich aber ist die Winterstarre Europäischer Landschildkröten ein sehr komplexer Vorgang, der für so manche Überraschung und leider manchmal auch unerfreuliche Erfahrungen sorgt.

Dieses Buch versetzt Sie in die Lage, Ihre Landschildkröten möglichst naturnah auf die Winterstarre vorzubereiten und eine erfolgreiche Durchführung der Überwinterung zu gewährleisten. Ich möchte die „Wissenslücke Winterstarre“

schließen und Schildkrötenhalter ermutigen, sich mit diesem sehr interessanten Thema auseinanderzusetzen. Sollten Sie dennoch weitere Fragen zur Überwinterung haben, kontaktieren Sie mich gerne.

Die gelegentliche Wiederholung von Temperaturwerten, Aussagen zur Winterstarredauer etc. ist beabsichtigt, weil sich die zentralen Informationen gut einprägen sollen und außerdem in wechselnden Zusammenhängen von Bedeutung sind.

Wenn Sie meine bisher erschienenen Schildkröten-Bücher, meine Homepage oder meine Vorträge zur Schildkrötenhaltung kennen, wissen Sie: Für mich hat die naturnahe Haltung Europäischer Landschildkröten einen sehr hohen Stellenwert – so auch in diesem Buch.

Ich wünsche Ihnen viel Freude beim Umgang mit diesen faszinierenden Tieren und beim Lesen meines Buches!

Thorsten Geier mit einem Jungtier der Maurischen Landschildkröte (*Testudo graeca ibera*), Foto: Larissa Geier

Bis dahin ...

Ihr

Thorsten Geier

Thorsten Geier,
www.schildkroetenfreund.de

Leser-Service: Es kann z. B. vorkommen, dass es Änderungen oder Neuerungen bei den im Buch genannten Produkten (Wärmelampen, Thermometer, Frühbeete etc.) gibt. Um Sie stets mit aktuellen Informationen zu versorgen, erhalten Sie auf der Verlagshomepage (www.kleintierverlag.de) in der Rubrik „Leser-Service" ggf. aktuelle Produktempfehlungen.

I

Winterschlaf – Winterruhe – Winterstarre

Murmeltier im Hochgebirge, Foto: Gerhard Schulz

Häufig werden – sogar von Fachleuten – die Begrifflichkeiten rund um die Überwinterung verwechselt. Deswegen vorab eine kurze Information, welche Bezeichnungen gebräuchlich sind.

Winterschlaf

Am Beispiel des Murmeltiers möchte ich den Begriff „Winterschlaf" erklären. Das Murmeltier muss sich im Spätsommer und Herbst Fettreserven anfressen, um die langen Wintermonate gut zu überstehen. Die Tiere wachen während dieser Überwinterung nicht auf, sondern schlafen durchgehend bis in das Frühjahr.

Murmeltiere im Hochgebirge, Foto: Gerhard Schulz

Winterruhe

Bei Eichhörnchen fällt die Körpertemperatur nicht so stark ab, wie z. B. beim Murmeltier. Während der Winterruhe wachen Eichhörnchen regelmäßig auf, um Nahrung zu sich zu nehmen.

Eichhörnchen, Foto: Yannis Lagies

Diese Griechische Landschildkröte *(Testudo hermanni boettgeri)* ruht bzw. schläft im Freigehege. Beim Vorgang der Überwinterung spricht man jedoch von „Winterstarre“.

Winterstarre

Fische, Amphibien und Reptilien halten hingegen eine Winterstarre. Teilweise spricht man auch von einer „Kältestarre“. Mit sinkender Umgebungstemperatur fällt auch die Körpertemperatur dieser Tiere ab. Die Atemfrequenz, der Herzschlag, Stoffwechsel etc. reduzieren sich auf das unbedingt Notwendige. Bei unseren Europäischen Landschildkröten handelt es sich also beim Vorgang der Überwinterung um eine Winterstarre.

II

Winterstarre im natürlichen Verbreitungsgebiet

Breitrandschildkröte *(Testudo marginata)* im natürlichen Verbreitungsgebiet auf Sardinien (Italien)

Jungtier der Breitrandschildkröte *(Testudo marginata)* im natürlichen Verbreitungsgebiet auf Sardinien

Natur als Vorbild

Wenn Sie meine Vorträge bzw. Bücher über meine eigene Schildkrötenhaltung kennen, wissen Sie, dass naturnahe und damit artgerechte Haltung für mich einen sehr hohen Stellenwert hat. Wenn wir uns also mit Europäischen Landschildkröten beschäftigen – es handelt sich dabei schließlich um Wildtiere –, ist eine Betrachtung ihrer natürlichen Lebensweise unumgänglich.

Wir können viel von der Natur lernen. Das möchte ich mit diesem Kapitel am Beispiel der immer wieder aufkommenden Frage, ob denn auch junge Schildkröten überwintern „dürfen", deutlich machen.
In der Natur ist es für Schlüpflinge und Jungtiere selbstverständlich, dass sie auch in ihrem noch sehr jungen Leben in eine Winterstarre fallen. Schließlich – Sie werden es erahnen – wachen die Tiere ja auch wieder von selbst auf!

Maurische Landschildkröte *(Testudo graeca ibera)* in der Türkei, Foto: Christine Dworschak

Dafür hat die Natur mit ihrem Jahreszyklus gesorgt. Im nächsten Kapitel werden Sie erfahren, was passiert, wenn Jungtiere nicht überwintert werden.

Temperatur – Beispiel Griechenland

Wolfgang Wegehaupt (2006) beschreibt am Beispiel der Griechischen Landschildkröte, dass die Tiere in der Natur durch die sich in Griechenland ab Oktober ändernden Temperatur- und Lichtverhältnisse, die Tage werden kälter

und die Temperatur sinkt, weniger Nahrung zu sich nehmen. Später fressen die Tiere gar nichts mehr. Sie sonnen sich jedoch weiterhin täglich, bleiben aber mehr und mehr in ihrem Unterschlupf versteckt. Bei Temperaturen von dauerhaft unter 10 °C vergraben sich die Tiere dann komplett und beginnen, ihre Winterstarre zu halten.
Während dieser Überwinterung sind alle Körperfunktionen auf ein absolutes Minimum reduziert. Die Herz- und Atemfrequenz sinkt erheblich. Und nur dies ermöglicht es den Tieren, relativ lange Überwinterungsperioden zu überdauern. Als Temperaturwert für Tiere in der freien Natur gibt Wegehaupt (2006) 4 °C an. Dies ist in der Natur der Wert, den die Tiere an ihrem Überwinterungsplatz brauchen.
In ihrer natürlichen Umgebung halten Griechische Landschildkröten ca. 3 Monate Winterstarre. Je nach Herkunft kann die Überwinterungsdauer aber auch 4 Monate übersteigen, beispielsweise in höher gelegenen Gebieten und kälteren Regionen.

Die Angabe 4 °C als Überwinterungstemperatur für Griechische Landschildkröten bedeutet: Dieser Temperaturwert herrscht im Boden, wenn diese Schildkrötenart in ihrem natürlichem Habitat ihre Überwinterung hält. Die Tagestemperaturen können davon ganz erheblich abweichen, weil auch bei der genannten Bodentemperatur noch häufig kräftig die Sonne scheint.
Selbstverständlich schwanken die Temperaturen auch im Habitat (natürliches Verbreitungsgebiet) der Schildkröten und unterscheiden sich von Region zu Region. Aber: Bitte betrachten Sie nicht die tagesaktuellen Temperaturen aus Wettervorhersagen oder Temperatur-Diagrammen etc. Diese Werte werden nämlich in 2 m Höhe gemessen! Die Überwinterungstemperatur im Boden bei den Tieren ist demnach eine andere. Zudem bleibt die Temperatur im Erdreich, also dort, wo Schildkröten überwintern, relativ konstant, da in der Erde Temperaturschwankungen sehr gut aufgefangen werden.

Rückschlüsse für die Haltung im eigenen Garten

Die meisten Schildkrötenhalter wissen nicht wirklich präzise, an welchem Habitat genau sie sich bezüglich Winterstarredauer und -temperatur orientieren

Auch dieser 2 Monate junge Schlüpfling (eigene Nachzucht) der Griechische Landschildkröte *(Testudo hermanni boettgeri)* wird bereits im Herbst eine Winterstarre halten.

sollen, denn sie kennen das ursprüngliche Vorkommensgebiet entweder gar nicht oder nur ungefähr, oder ihre Tiere stammen aus unterschiedlichen Regionen des Habitats. Deswegen bleibt nichts anderes übrig, als für die Umgebungstemperatur der Winterstarre bzw. für die Dauer der Überwinterung Mittelwerte anzugeben: Überwinterungstemperatur 4–5 °C, Dauer der Winterstarre 3–4 Monate. Wenn diese Werte beachtet werden, lassen sich nach meiner Kenntnis und Erfahrung die Tiere am besten überwintern.

Das bedeutet: Europäische Landschildkröten, die arttypisch eine Winterstarre halten, müssen auch bei uns in menschlicher Obhut während der kalten Jahreszeit überwintert werden – unabhängig etwa von ihrer Panzergröße oder ihrem Lebensalter. Einzige Voraussetzung: Die Tiere müssen gesund sein! Um Letzteres möglichst gewissenhaft zu überprüfen, greifen wir auf unsere eigene Erfahrung zurück und/oder halten Rücksprache mit einem schildkrötenerfahrenen Tierarzt. Näheres dazu lesen Sie in Kapitel 8 *Überwinterungs-Orte* und Kapitel 10 *Mögliche Probleme vor, während und nach der Winterstarre*.

Für mich ist wie gesagt das Vorbild der Natur immer sehr wichtig. Dennoch wird ein Punkt bei meiner Haltung im eigenen Garten *nicht* komplett nachgestellt: In der Natur halten weibliche Landschildkröten eine längere Winterstarre. Sie sind im Herbst früher in der Winterstarre und erwachen im Frühjahr später als die männlichen Tiere.
Jedoch nehme ich auf den Zeitpunkt des Aufwachens der Tiere weder bei den Weibchen noch bei den Männchen irgendeinen Einfluss. Natürlich stelle ich fest, dass in der Regel meine männlichen Tiere eben kürzer überwintern. Darauf muss ich mich einstellen. Daher erhalten die (männlichen) Tiere ab dem 1. Tag nach dem Aufwachen Wärme durch Wärmelampen etc., während die Weibchen zu dieser Zeit im gleichen Frühbeet oder Gewächshaus meist noch im Substrat vergraben sind.

Eine naturnahe Haltung schließt eben auch eine Winterstarre mit ein. Durch eine optimale Überwinterung sorgen wir für aktive, gesunde und lebhafte

Freigehege im Winter

Schildkröten. Über den Winter wach gehaltene Tiere zeigen kaum Vitalität und wachsen sehr unnatürlich. Zudem wird das Immunsystem durch eine fehlende Winterstarre geschwächt.

Folglich müssen Europäische Landschildkröten in menschlicher Obhut überwintert werden.

III

Warum ist die Überwinterung so wichtig?

Einige nicht vor Frost geschützte Gehegepflanzen, wie z. B. die Ringelblume, überstehen den Winter nicht.

Die Samen keimen jedoch im nächsten Frühjahr und sorgen für farbenfrohe Pflanzen.

Kein Vorbild: winterwache Jungtiere im Haus

Leider werden immer noch Jahr für Jahr viele Europäische Landschildkröten während der Wintermonate wach gehalten, z. B. in einem zu kleinen und dunklen Terrarium. Meist dürfen die Tiere die notwendige Winterstarre aus Unwissenheit nicht genießen. Immer noch hält sich hartnäckig die Meinung, die Tiere dürften so lange nicht in die Winterstarre, bis ein bestimmtes Alter oder

Gewicht erreicht sei. Schon durch einfaches Nachdenken kann man diese Auffassung als irrig erkennen: Mutter Natur hält weder den Geburtstag von Schildkröten fest noch eine Waage bereit!

In diesem Kapitel möchte ich deutlich machen, welchen Konsequenzen der Halter, vor allem aber seine Pfleglinge, durch den bezeichneten Irrtum ausgesetzt sind, und anhand einiger Beispiele zeigen, welche negativen Folgen solch eine nicht artgerechte Haltung hat. Die hier gezeigten Erkrankungen sind nicht alle wegen einer fehlenden Winterstarre aufgetreten. Wird eine möglichst naturnahe Überwinterung vorenthalten, steigt die Wahrscheinlichkeit einer Erkrankung ganz erheblich, weil das Immunsystem geschwächt wird. Dies fördert dann weitere Erkrankungen.

Wachstumsprobleme durch unnatürliche Fütterung

Man sollte nicht vergessen, dass auch unter diesem völlig verwachsenen Panzer einer Maurischen Landschildkröte *(Testudo graeca ibera)* Atmung, Verdauung, Entwicklung der Eier etc. stattfindet.

Eines der ganz schwerwiegenden Probleme bei winterwachen Schildkröten ist deren Ernährung, wenn sie während der eigentlichen Winterstarrezeit in einem Terrarium o. Ä. gehalten werden. Vielleicht wissen Sie aus meinen bisher erschienenen Schildkröten-Büchern, dass ich artgerechte Ernährung als ganz wesentlichen Bestandteil einer naturnahen Haltung sehe.

Krankhaftes Wachstum („Dampfaufzucht") einer Griechischen Landschildkröte (*Testudo hermanni boettgeri*) durch eine über 1.000 Tage falsche Ernährung und ununterbrochenen Terrarienhaltung sowie Vorenthaltung der Winterstarre. Das Gewicht dieser Schildkröte beträgt 720 g. Foto: Sandra Malguth

Gesunde und optimal gewachsene 3-jährige Griechische Landschildkröte (*Testudo hermanni boettgeri*). Das Tier wurde naturnah gehalten und wiegt 123 g. Foto: Gunda Meyer de Rojas

Im Sommer haben wir geeignetes Futter sehr gut im Garten, in Pflanzkästen, in Frühbeeten oder sogar im Gewächshaus zur Verfügung. Mit dem sogenannten grünen Daumen kann man sogar noch im Herbst wertvolles Futter anbieten. Doch was passiert im Winter? Während dieser Zeit ist nämlich die Verfügbarkeit von wertvollen und auch unterschiedlichen Futterpflanzen meist nicht mehr gegeben. Und genau an dieser Stelle wird häufig auf ungeeignetes Futter – z. B. Salat, zu proteinreiche Schildkröten-Sticks – zurückgegriffen. Dies erstens deswegen, weil der zu hohe Futterbedarf der winterwachen Tiere es so fordert, und zweitens, weil viele Halter, vielleicht sogar aus Gründen der Bequemlichkeit, nicht mit genügend artgerechtem Futter vorgesorgt haben.
In Kombination mit einem unnatürlich warmen Terrarium und einer dazu noch sehr oft täglichen Fütterung treten erste Wachstumsprobleme auf. Die Schildkröten nehmen stark an Gewicht zu, und der Panzer wächst sehr unnatürlich. Da im Terrarium meist ein zu trockenes Klima herrscht – sichtbar an ausgetrockneter Erde –, die Umgebungstemperatur zu hoch ist und die notwendige Feuchtigkeit den Tieren in Form von Nebel oder Regen nicht zur Verfügung steht, bilden sich nach und nach Höcker auf dem Rückenpanzer. Weitere Schäden, die man einer Schildkröte hingegen zu diesem Zeitpunkt noch nicht anmerkt, können bereits Erkrankungen der Organe sein.

Dieses Wachstumsproblem entsteht übrigens nicht erst nach mehreren Jahren. Unter Umständen genügt schon ein einziger Winter ohne Überwinterung, um insbesondere Jungtieren enorm zu schaden, weil bei ihnen eine Verfettung der Organe oder eine Höckerbildung in der Regel nicht mehr zu beheben ist.

Geeignetes Schildkrötenfutter kann geschützt im Frühbeet oder in Blumenkästen ausgesät werden und dient ggf. winterwachen Tieren als wertvolles Futter.

Übrigens sollte man auch Tiere überwintern, die zuvor niemals eine Winterstarre halten durften. Durch das „genetische Programm“ der Tiere ist die Fähigkeit des Überwinterns stets gegeben, auch wenn Schildkröten diese Fähigkeit bis dato nicht anwenden konnten.

Für den Fall, dass eine meiner Schildkröten aus Krankheitsgründen die Winterstarre nicht halten darf, habe ich z. B. im Garten an geschützter Stelle, in einem separaten Frühbeet oder in einem Blumenkasten geeignetes Schildkrötenfutter angepflanzt. Dieses Futter dient dann als wertvolle Nahrung. Kombiniert mit getrockneten Kräutern (Kräuterheu) und Blüten ist diese Art der Ernährung dann auch während einer ausnahmsweisen Haltung im Haus geeignet.

Kräuterheu

Kann eine Haltung im Haus aufgrund von Krankheit nicht vermieden werden, dient dieses Terrarium vorübergehend als Notlösung.
Foto: Petra Mederer

Während der Winterstarre steht im Garten kaum Futter zur Verfügung.

In diesem Zusammenhang ein grundsätzlicher Hinweis: Wenn sich eine krankheitsbedingte Zimmerhaltung nicht vermeiden lässt, und manchmal ist das leider so, verwenden Sie wenigstens ein großes Holzterrarium o. Ä. und nicht etwa eine enge Transportbox oder ein Glasterrarium.

Glücklicherweise war es bei mir in den letzten Jahren nicht nötig, Tiere krankheitsbedingt im Winter ins Haus zu holen. Daher fanden diese Futterpflanzen als getrocknete Kräuter und Blüten später im Sommer bei meinen Landschildkröten dennoch wertvolle Verwendung!

So ist es falsch:

- Tier im Herbst spontan kaufen,
- keine Winterstarre (wg. falscher Info oder Angst des Halters),
- Haltung im Terrarium,
- ungeeignetes Futter,
- diese Haltung im Frühjahr und Sommer weiter betreiben.

kranke Schildkröte

So ist es richtig:

- Informationen über Schildkröten besorgen,
- Bau eines Freigeheges,
- Tiere wenn möglich im Frühjahr/Frühsommer erwerben,
- naturnahes Futter,
- eigenständige Vorbereitung auf Winterstarre,
- kontrollierte Überwinterung,
- Beenden der Winterstarre,
- aktives Leben im Freigehege beginnt bereits im Frühjahr.

gesunde und vitale Schildkröten

Studie zur Sterblichkeitsrate

ALINE/FRANCK (2006) haben den Einfluss der Winterstarre auf die Sterblichkeitsrate von Jungtieren der Europäischen Landschildkröte untersucht, und zwar an den beiden Unterarten der Griechischen Landschildkröte (*Testudo hermanni hermanni* und *Testudo hermanni boettgeri)* sowie an der Breitrandschildkröte (*Testudo marginata)*. Betrachtet wurde die Sterblichkeitsrate in der Abhängigkeit zur Dauer u. a. der ersten Winterstarre bei Schlüpflingen. Bei Tieren, die keine Winterstarre gehalten hatten, lag die Sterblichkeitsrate bei 23,08 %. Tiere, die zwischen 1 und 2 Monaten überwintert worden waren, starben zu 9,52 %. Und bei denjenigen Tieren, die mehr als 3 Monate Winterstarre halten durften, betrug die Sterblichkeitsrate 3,21 %.

Der Tod eines Tieres – gleich ob im Sommer oder während der Winterstarre – ist für jeden Halter ein sehr schlimmes Ereignis. Ich möchte Ihnen mit diesen Werten keine Angst oder unberechtigte Sorge bereiten. Ich möchte Ihnen jedoch damit auf einfache Art und Weise zeigen, wie wichtig eine Winterstarre bei unseren Landschildkröten ist. Schon der Vergleich zwischen den beiden Werten „keine Winterstarre" und „länger als 3 Monate" zeigt bereits, welchen beachtlichen Einfluss die Überwinterung auf unsere Tiere haben muss.

Schlüpflinge

Sterblichkeitsrate (in %) bei Schlüpflingen von *T. h. hermanni, T. boettgeri* und *T. marginata* in Abhängigkeit von der Länge der 1. Winterstarre

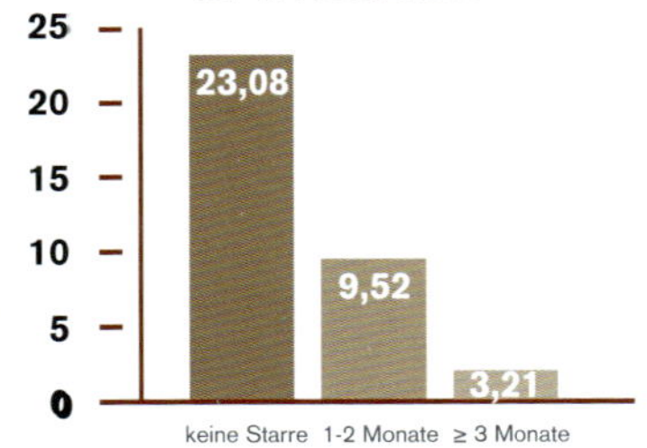

Die komplette Studie von Aline und Franck (2006) „The influence of hibernation on mortality in young Testudo“ (übersetzt: „Einfluss der Winterstarre auf die Sterblichkeitsrate bei Jungtieren der Gattung Testudo“) stammt aus Chéloniens n° 2, 2006; http://tortues-actions.naturalforum.net und ist einzusehen unter: http://s3.archive-host.com/membres/up/77865810/Hibernation/CheloniensHibEnglish.pdf (Stand: 17.04.2013). Eine deutsche Übersetzung der Studie kann ebenso im Internet abgerufen werden: http://graeca-home.de/GraecaZUSterblichkeitsrate.htm (Stand: 17.04.2013).

IV

Welche Schildkröten halten Winterstarre ?

Breitrandschildkröte *(Testudo marginata)* im Gehege,
Foto: Christine Dworschak

Griechische Landschildkröte der östlichen Unterart *(Testudo hermanni boettgeri)* im Gehege

Dieses Kapitel erläutert, welche Schildkrötenarten bzw. Unterarten eine Winterstarre halten.

Breitrandschildkröte *(Testudo marginata)*, Foto: Fritz Wüthrich

Griechische Landschildkröte der westlichen Unterart *(Testudo hermanni hermanni)* auf Mallorca (Spanien)

Steppenschildkröte *(Testudo (Agrionemys) horsfieldii)*

Die Griechische Landschildkröte (*Testudo hermanni)* mit ihren 2 bzw. 3 Unterarten (*Testudo hermanni hermanni*, *Testudo hermanni boettgeri* und *Testudo hermanni herzegovinensis*), die Breitrandschildkröte (*Testudo marginata)* und die Steppenschildkröte (*Testudo (Agrionemys) horsfieldii)* – auch Vierzehenschildkröte genannt – halten in ihrem natürlichen Lebensraum eine Winterstarre.

Unter der Notwendigkeit einer möglichst naturnahen Haltung in menschlicher Obhut muss bei diesen Tieren eine Überwinterung stattfinden.

Die europäische Unterart der Maurischen Landschildkröte *(Testudo graeca ibera)* im Freigehege

Die subtropische Unterart der Maurischen Landschildkröte *(Testudo graeca nabeulensis)* in Tunesien, Foto: Urs Jost

Die Maurische Landschildkröte *Testudo graeca* hat ein sehr großes Verbreitungsgebiet und kommt in verschiedenen Regionen der Welt vor. Die europäische Unterart dieser Maurischen Landschildkröte *Testudo graeca ibera* stammt aus der Türkei, Griechenland und der Balkan- sowie der Kaukasusregion. In der Natur hält diese Unterart während der kühlen Wintermonate eine Winterstarre.

Die eher subtropische Unterart *Testudo graeca nabeulensis* (in der Literatur auch *Testudo graeca graeca* genannt) lebt z. B. in Tunesien.

Die warmen Winter dort sind der Grund, diese afrikanische Unterart nicht zu überwintern. Diese Schildkrötenart hält in ihrem Herkunftsgebiet keine Winterstarre, sondern befindet sich unter Umständen nur in einer kurzen Ruhephase. Im Vergleich zu den Europäischen Landschildkröten, würde eine mehrmonatige kalte Überwinterung dieser subtropischen Unterart der Maurischen Landschildkröte großen Schaden zufügen. Im Sommer verbringt das Tier in seinem natürlichen Verbreitungsgebiet während der heißen Perioden eine Trockenruhe.

Verbreitung der Maurischen Landschildkröte nach Kirsche (1997), aus *Fester Panzer – weiches Herz* (2008) ■ *Testudo graeca graeca (i.w.S.)* ■ *Testudo graeca ibera*

Diese Schildkröte hält NEIN WINTERSTARRE

Strahlenschildkröte *(Astrochelys radiata)*

Diese Schildkröte hält NEIN WINTERSTARRE

Strahlenschildkröte *(Astrochelys radiata)*

Generell gilt: Die jeweilige Art muss für eine Überwinterung „vorgesehen" sein. Die Fähigkeit zum Einlegen einer Winterstarre ist genetisch bedingt.

Pantherschildkröte *(Stigmochelys pardalis)*

Daher können Tropische Landschildkröten (Pantherschildkröten, Sternschildkröten, Riesenschildkröten, Spornschildkröten) nicht überwintern.

Es muss also immer darauf geachtet werden, aus welcher Region die Tiere bzw. die Elterntiere stammen.

Galápagos-Riesenschildkröte *(Chelonoidis nigra)*

Bitte haben Sie Verständnis dafür, dass in diesem Ratgeber zur Überwinterung nicht auf die Unterscheidungsmerkmale der einzelnen Arten bzw. Unterarten eingegangen wird. Ich setze voraus, dass jeder Schildkrötenfreund weiß, welche Art genau er hält. Eine ausführliche Art- bzw. Unterartbeschreibung inkl. Fotos würde den Rahmen dieses Buches sprengen. Informationen zu den unterschiedlichen Arten und Unterarten und zu deren Bestimmung erhalten Sie in Fachbüchern oder durch einen Kontakt zu Schildkrötenhaltern bzw. -züchtern. Auch der Besuch von Schildkröten-Informationsveranstaltungen ist immer sehr ratsam.

Schlüpfling der Maurischen Landschildkröte *(Testudo graeca ibera)*

Schlüpflinge und Jungtiere

Für mich gibt es keinen Grund, warum Schlüpflinge oder Jungtiere keine Winterstarre halten sollten. Auch finde ich in der Natur keine Anzeichen dafür, dass jüngere Schildkröten eine kürzere Winterstarre halten.

Hans - Dieter Philippen (2008) sagt dazu: „Es gibt keinerlei akzeptable Begründung, warum Jungtiere in Bezug auf Ruhephasen nicht wie ausgewachsene Exemplare behandelt werden sollten. Sie unterliegen in ihren Lebensräumen denselben klimatischen Bedingungen wie die adulten (geschlechtsreifen) Exemplare, d. h., sie ruhen unter identischen Bedingungen und auch genauso lang."

Die Bilder im vorherigen Kapitel zeigen, wie wichtig bereits eine Überwinterung bei Schlüpflingen und Jungtieren ist.

Jungtier der Griechischen Landschildkröte *(Testudo hermanni hermanni)*

Es gibt jedoch eine Besonderheit, die es bei Schlüpflingen zu beachten gilt. Sollten die Baby-Schildkröten erst im Oktober schlüpfen, z. B. deswegen, weil die Eier erst spät im Sommer gelegt wurden, gehen manche Züchter dazu über, die Tiere kurzzeitig etwa in einem Holzterrarium im Haus zu pflegen und den Gesundheitszustand zu überwachen. Schließlich ist zu dieser Zeit eine Haltung im Freigehege mit beheiztem Frühbeet oder Gewächshaus nicht mehr ohne Weiteres möglich, da die Tiere sich sonst selbständig auf die Winterstarre vorbereiten würden.

Nur in dem speziellen Fall einer Kontrolle der frisch geschlüpften Tiere finde ich es akzeptabel, die Tiere nun verspätet (November/Dezember) in die Winterstarre zu bringen. Bei gesunden Schlüpflingen wäre ein komplettes Aussetzen der Winterstarre aus meiner Sicht jedoch nicht vertretbar und kaum artgerecht.

V

Gesund durch die Winterstarre

Maurische Landschildkröte *(Testudo graeca ibera)* im Freigehege

Gesundheits-Check bei einer 8-jährigen Maurischen Landschildkröte *(Testudo graeca ibera)*, Foto: Larissa Geier

Aus Gründen einer vereinfachten Handhabung der Begrifflichkeiten soll in diesem Buch ausschließlich von „Fachtierarzt" gesprochen werden. Korrekterweise müsste es „schildkrötenerfahrener Tierarzt" heißen. Auch die Bezeichnung „Fachtierarzt für Reptilien (Schildkröten)" wäre korrekt.

Der Titel dieses Kapitels ist in zweifacher Weise gemeint. Zum einen hängt die Gesunderhaltung der Tiere von der Möglichkeit der Durchführung einer Winterstarre ab. Zum anderen ist die Gesundheit der Tiere eine unabdingbare Voraussetzung für eine erfolgreiche Überwinterung.

Dass man dem Gesundheitszustand seiner Schildkröten ganzjährig große Beachtung schenken muss, ist jedem Schildkrötenfreund klar. Aber gerade vor der mehrmonatigen Überwinterung sollte man noch einmal alle Tiere genau untersuchen (lassen). Der langjährig erfahrene Halter erkennt gesunde Pfleglinge sofort.

In der Haltung weniger erfahrene Schildkrötenfreunde sollten sich rechtzeitig (bereits im Sommer) kundig machen, z. B. mithilfe der nachfolgenden Darstellung. Im Zweifel gilt immer der Grundsatz: Einen sehr kundigen Fachtierarzt für Schildkröten aufsuchen! Auch sollte mindestens 1-mal jährlich die Untersuchung einer Kotprobe pro Tier, bzw. zumindest einer Sammelprobe pro Gehege, bei diesem Tierarzt erfolgen.

Welche Aspekte in Bezug auf den Gesundheitszustand für mich eine große Rolle spielen, möchte ich anhand einer kurzen Checkliste erläutern. Bitte beachten Sie, dass eine ganzjährige Beachtung dieser Faktoren immer eine große Rolle spielt – gerade im Hinblick auf eine bevorstehende Überwinterung Ihrer Pfleglinge. Die Gesundheit der Tiere ist eine unabdingbare Voraussetzung für eine erfolgreiche Überwinterung.
Was ausschließlich im Zusammenhang mit der Winterstarre beachtet werden muss, wird ebenso beschrieben.

Panzer:
Der Schildkrötenpanzer sollte fest, gleichmäßig glatt gewachsen und ohne Verletzungen sein. Bei Schlüpflingen und Jungtieren gibt der Panzer bei vorsichtigem Drücken leicht nach. Bei älteren und ausgewachsenen Tieren ist der Panzer fest. Bei naturnaher Haltung bleibt der Panzer glatt und bildet keine Höcker. Bitte bieten Sie Ihrem Tier keine „Panzer-Wellness“ in Form von Öl, Cremes oder ähnlichen Präparaten an. Die Gefahr, Poren des Panzers zu verstopfen, ist sehr hoch.

Solch ein verhöckerter Rückenpanzer ist Ergebnis schlechter Haltungsbedingungen.

So sollte ein glatt gewachsener Panzer aussehen. Maurische Landschildkröte *(Testudo graeca ibera)*

Während der Überwinterung sollte der Panzer daraufhin angeschaut werden, ob sich Schimmel, z. B. durch Verwendung minderwertigen Substrats, angesiedelt hat. Aber auch der Bauchpanzer sollte Beachtung finden. Rote Stellen könnten auf eine Blutvergiftung (Sepsis) hinweisen (vgl. hierzu das von Tierarzt Frank Mittenzwei verfasste Kapitel).

Haut:

Die Haut sollte trocken sein und keine Wunden aufweisen. Obwohl sich manche Tiere ab und zu an einigen Körperstellen häuten, sollten sich größere Hautflächen nicht abgelöst haben. Verzichten Sie unbedingt darauf, lose Hautteile zu entfernen. Etwaige Verletzungen während der Paarungszeit sollten stets auf entstehende Entzündung hin beobachtet werden. Gerade während der Überwinterung könnten sich Hautverletzungen verschlimmern. Achten Sie darauf, dass sich keine Parasiten (Würmer, Maden von Fliegen) oder sonstige Fremdkörper (z. B. Stacheln) in bzw. unter der Haut befinden.

Auch die Haut der Tiere sollte regelmäßig überprüft werden.

Das Auge dieser Schildkröte ist sehr klar und komplett geöffnet.

Augen:

Die Augen sollten offen und klar sein. Bei trüben, geschwollenen, dauerhaft verschlossenen oder eingefallenen Augen sollte sofort ein Fachtierarzt aufgesucht werden.

Während der Überwinterung sind die Augen vollständig geschlossen. Fremdkörper oder zu trockenes Laub können die Augen reizen.

Weißer Belag auf den Augen bzw. Augenlidern, z. B. während oder nach der Winterstarre, muss durch den Fachtierarzt abgeklärt werden.

Nase:

Die Nasenöffnungen sollten trocken und frei sein sowie keinen Ausfluss zeigen. Beim Atmen können durchaus leichte Atemgeräusche hörbar sein.

Pfeifgeräusche deuten allerdings auf eine Erkrankung der Atemwege hin, was dringend behandelt werden muss.

Während der Überwinterung darf an der Nase kein Ausfluss erkennbar sein.

Diese Nasenöffnungen zeigen keinerlei Ausfluss und sind daher ohne auffälligen Befund.

Mund:

Durch das Aufnehmen von kräftigen Pflanzenteilen und Kräutern nutzen sich die Hornscheiden der Tiere von selbst ab. Das Anbieten von unzerkleinerter Sepiaschale fördert das natürliche Abnutzen ebenfalls. Wird zu viel weiches Futter angeboten, entsteht der sogenannte Papageienschnabel (Überbiss). Dieser muss vom Fachtierarzt korrigiert werden.

So sollten gesunde Hornscheiden aussehen!

So bitte nicht! Die Korrektur unnatürlich gewachsener Hornscheiden am Oberkiefer sollte nur von einem schildkrötenerfahrenen Tierarzt erfolgen. Zudem sollte die Art der Fütterung überdacht werden.

Durch Sepiaschale können die Schildkröten auf natürliche Weise ihre Hornscheiden abnutzen und zugleich wertvolles Kalzium aufnehmen.

Krallen:

Durch eine abwechslungsreiche Gehegegestaltung mit Erde, Steinen, Holz, Pflanzen etc. (vgl. Kap. *Naturnahe Haltung im Freigehege als Voraussetzung für eine erfolgreiche Überwinterung*) nutzen sich die Krallen der Tiere auf natürliche Weise ab. Wird ein Tier jedoch im Terrarium auf einer Glasplatte ohne Bedeckung, auf Zeitungspapier, zu weichem Substrat oder Betonplatten gehalten, können sich die Krallen entweder gar nicht oder übermäßig stark abnutzen. Trifft die Schildkröte im Gehege nur Rasen als Untergrund an, kann es nötig sein, die Kallen zu kürzen. Das Schneiden der Krallen sollte aber von einem Fachmann durchgeführt werden. Ich musste leider schon Tiere sehen, bei denen die Krallen durch den unerfahrenen Halter bis auf die Haut abgeschnitten und die Blutgefäße sichtbar verletzt worden waren, mit der Folge starker Blutung.

Die Krallen der Tiere müssen im Normalfall nicht geschnitten werden. Durch einen abwechslungsreichen Gehegeuntergrund nutzen sich die Krallen auf natürliche Weise ab.

Aktivität:

Landschildkröten sind von Frühjahr bis in den Spätsommer hinein sehr aktiv, wenn sie gut gehalten werden. Aussagen, dass Schildkröten langsam und langweilig seien, treffen wohl nur dann zu, wenn die Tiere schlecht gehalten werden und daher nicht wirklich gesund sind. Beim Laufen heben gesunde Tiere den kompletten Panzer an. Aktive Tiere fressen den ganzen Tag, nehmen aber dabei immer nur kleinere Pflanzenteile und -mengen auf. Bei der Einzelhaltung entsteht für den Halter der Nachteil, dass er ein Tier nicht mit anderen Artgenossen vergleichen und somit ein inaktives Exemplar womöglich schlecht oder nur sehr spät erkennen kann.

Während der Überwinterung verhalten sich die Tiere konstant ruhig. Leichte Positionsveränderungen in der Erde bzw. im Laub oder Sphagnum-Moos können auftreten und sind unbedenklich. Sollte sich ein Tier jedoch im Überwinterungsbehältnis bewegen oder sogar plötzlich auf dem Laub befinden, könnte dies durch Erkrankung oder nicht optimale Überwinterungsbedingungen hervorgerufen worden sein.

Gewicht:

Das Gewicht kann als ein weiteres sehr aussagekräftiges Merkmal gesunder Schildkröten angesehen werden. Es ist von großem Vorteil, die Tiere während der Aktivitätszeit von Frühjahr bis Herbst monatlich zu wiegen. Notieren Sie sich die Messungen. Vielleicht erstellen Sie zusätzlich ein Diagramm. So lassen sich Auffälligkeiten auf einen Blick erkennen. Dies ist nicht nur für den gewissenhaften Schildkrötenhalter hilfreich, sondern im Falle einer Untersuchung auch für den Fachtierarzt.

Bei den regelmäßigen Kontrollen (alle 4–6 Wochen) während der Winterstarre wird auch das Gewicht ebenso kontrolliert. Ein eventueller Gewichtsverlust deutet auf eine Komplikation während der Überwinterung hin.

Kot:

Der Kot sollte dunkelbraun, teils dunkelgrün und fest sein. Durch schlechte Fütterung, z. B. mit Obst und Salat, aber auch durch einen starken Wurmbefall oder andere Parasiten kann Durchfall auftreten. Hier sollte man dringend Haltung und Fütterung auf Artgerechtigkeit überprüfen, ggf. umstellen und außerdem den Kot vom Fachmann untersuchen lassen. Bei einem massiven Wurmbefall können die Schädlinge sogar im Kot sichtbar sein. Das muss behandelt werden.

Während der Überwinterung setzen die Tiere keinen Kot ab.

Der Kot einer gesunden Landschildkröte

Harn/Harnsäure

Urin:

Neben dem Kot gibt die Schildkröte Harn und Harnsäure ab. Gesunde Tiere scheiden Harn als klare Flüssigkeit aus. Zudem geben sie meist gleichzeitig Harnsäure, ein wasserunlösliches Eiweißabbauprodukt, ab. Sie sollte weiß und pastenähnlich sein. Verfärbungen bzw. eine grießartige Konsistenz sind meist durch zu trockene Haltung bedingt. Dann sollte man auch hier seine Haltungsart überdenken und möglicherweise umstellen. Während der Überwinterung scheiden die Tiere keinen Urin aus.

Ich überprüfe die genannten Faktoren während der Aktivitätszeit von Frühjahr bis Herbst regelmäßig, d. h. wöchentlich, ggf. sogar täglich. Wenn ich meine Tiere in den Gehegen betrachte, läuft bei mir immer zugleich eine Art automatisches Programm ab: Ich kontrolliere die Tiere immer auch, sobald ich sie sehe.

Während der Winterstarre sollten Panzer, Haut, Augen, Nase, (ruhiges) Verhalten und Gewicht, regelmäßig alle 4–6 Wochen überprüft werden. Zudem werden die Tiere dann gleichzeitig gewogen.Sollten Sie bei Ihren Schildkröten Bedenken haben, dass auch nur ein Detail der oben genannten Gesundheitsfaktoren nicht gegeben ist, wenden Sie sich bitte an einen Fachtierarzt.
An dieser Stelle möchte ich noch einmal auf das Kapitel *„Tierarzt-Check“: Informationen vom Tierarzt Frank Mittenzwei* hinweisen.

Das rasche, aber vorsichtige Kontrollieren der Tiere (ca. alle 4-6 Wochen) stört die Tiere nicht. Maurische Landschildkröte *(Testudo graeca ibera)*

VI

Naturnahe Haltung im Freigehege als Voraussetzung für eine erfolgreiche Überwinterung

4-jährige Maurische Landschildkröte *(Testudo graeca ibera)* im Freigehege

Freigehege für Europäische Landschildkröten

Die im vorliegenden Buch enthaltenen Informationen zur Winterstarre beruhen auf meiner langjährigen Erfahrung in der Haltung von Europäischen Landschildkröten. Daher empfinde ich es als sehr wichtig, Ihnen meine eigene Freilandhaltung vorzustellen. Schließlich ist die Voraussetzung für eine erfolgreiche Überwinterung immer auch eine optimale Haltung der Tiere während der aktiven Zeit von Frühjahr bis Herbst.

Maurische Landschildkröte *(Testudo graeca ibera)* im Freigehege

Wer das Gehege seiner Landschildkröten naturnah einrichten möchte, informiert sich dazu z. B. in der Natur oder durch geeignete Bücher!
Foto: Susanne Vogt

Eigenständige Ernährung im Freigehege. Griechische Landschildkröte *(Testudo hermanni boettgeri)*

Kletter- und Versteckmöglichkeiten

Naturnahe Haltung im Freigehege als Voraussetzung für eine erfolgreiche Überwinterung

Wie Sie bereits wissen: Ich halte meine Tiere so weit wie immer möglich nach dem Vorbild der Natur.

Meine Freigehege sind nach dem folgenden Prinzip aufgebaut:

- Strukturierung durch große Steine, Steinplatten, Wurzelholz, Holzstämme, niedrige Trockensteinmauern,
- vielfältige Futterpflanzen (dadurch eigenständige Ernährung möglich),
- ungiftige, schattenspendende und schutzbietende Pflanzen,
- Kletter- und Versteckmöglichkeiten,
- kleine Wege durch die Gehege mit Kalkschotter als Untergrund,
- Eiablagemöglichkeiten für die adulten Tiere,
- Wasserschalen in den Gehegen, im Frühbeet bzw. Gewächshaus,
- stabile, ausbruchsichere und blickdichte Umrandung,
- sonniger Gehegestandort,
- Frühbeete oder Gewächshäuser (mit Fensterheber gegen Überhitzung) sowie integriertes Schutzhaus aus Holz,
- Wärmelampen (in Frühbeet oder Gewächshaus) und Heizmatte (im Schutzhaus) oder sogenannte Frostwächter (im Gewächshaus).

Flache Trink- bzw. Badeschalen stehen den Tieren zu jeder Zeit zur Verfügung.

Kleines Frühbeet aus dem Handel

Einfaches Gewächshaus

PAR-Strahler sorgen für die notwendige Wärme und sind in unterschiedlichen Watt-Stärken erhältlich.

Dieses Schutzhaus aus Holz wird in die Frühbeete integriert. Eine Schildkröte verlässt ihr Schutzhaus.

Die Heizmatte wird am Holzdeckel der Schutzhäuser befestigt. Heizmatte mit der Bezeichnung „Gummiwärmeplatte 557“ der Firma BRUJA Brutmaschinen Janeschitz GmbH

In den Gehegen befinden sich Frühbeete oder Gewächshäuser mit Wärmelampen. Diese werden vor allem im Frühjahr sowie im Herbst tagsüber eingeschaltet, aber auch an so manchem verregneten Sommertag, sobald laut Wettervorhersage eine Tagestemperatur von ca. 20 °C nicht gewährleistet ist.

Thermostat für die Regelung, z. B. der Heizmatten (Typ „Universal-Thermostat UT 200" der Firma ELV Elektronik AG)

Die Wärmelampen werden tagsüber entweder manuell per Zeitschaltuhr oder am besten automatisch per Thermo-Timer geregelt. In jedem Frühbeet bzw. Gewächshaus ist außerdem ein kleines Schutzhaus aus Holz vorhanden, in dem sich die Tiere vor allem nachts verstecken können. In diesen Schutzhäusern befinden sich Heizmatten, die bei Bedarf über ein Thermostat angeschaltet werden. Die Heizmatten werden nicht in der Erde vergraben (Überhitzungsgefahr!), sondern an die Unterseite der Holzdeckel der Schutzhäuser befestigt.

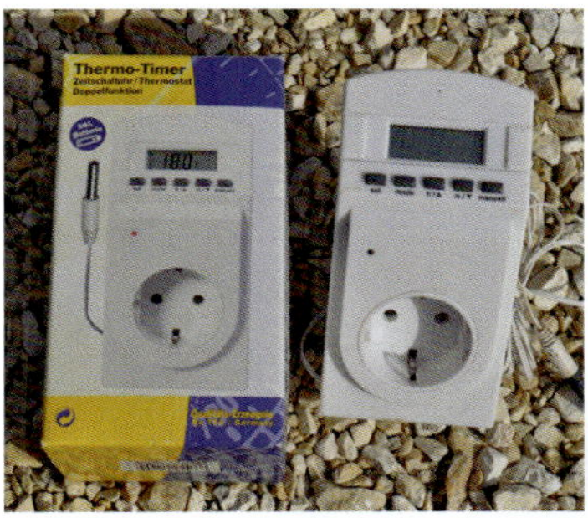

Thermo-Timer (Zeitschaltuhr/Thermostat-Doppelfunktion) der Firma TFA Dostmann GmbH & Co. KG

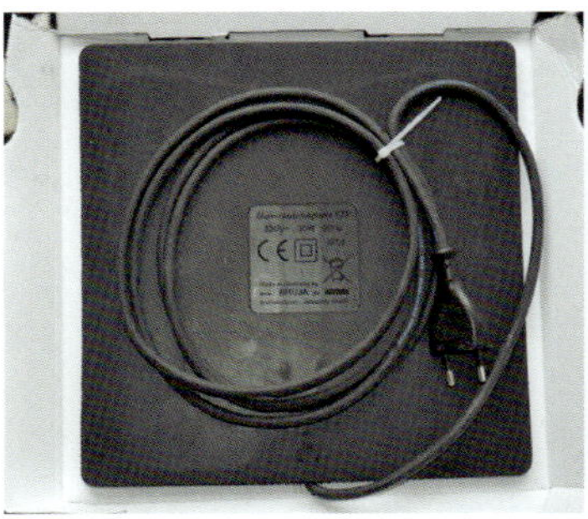

Heizmatte mit der Bezeichnung „Gummiwärmeplatte 557" der Firma BRUJA Brutmaschinen Janeschitz GmbH

Zeitschaltuhr für den Außenbereich

Ein direkter Kontakt der Heizmatte mit den Schildkröten ist so ausgeschlossen. Im Gewächshaus kann zudem ein Frostwächter als zusätzliche Heizmöglichkeit installiert werden. Wegen der größeren Grundfläche bzw. mehr Volumens ist dies effektiver als nur eine kleine Heizmatte.

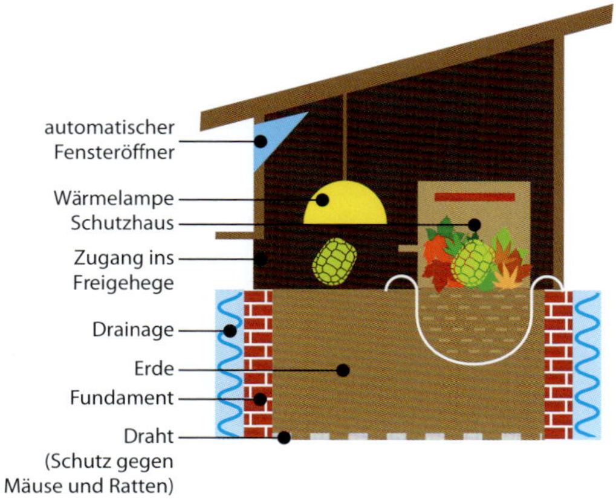

Frühbeet inklusive Schutzhaus

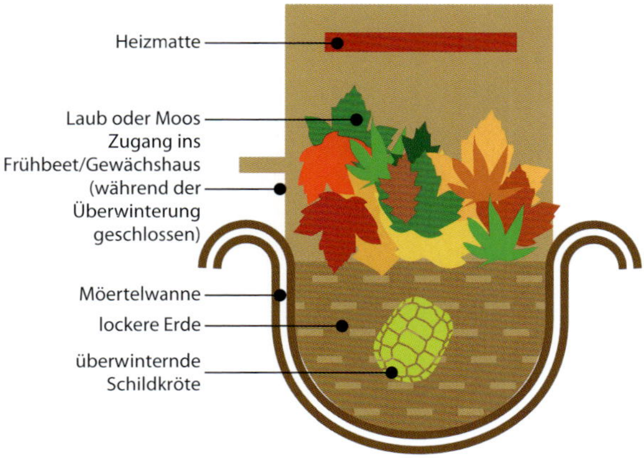

Schutzhaus

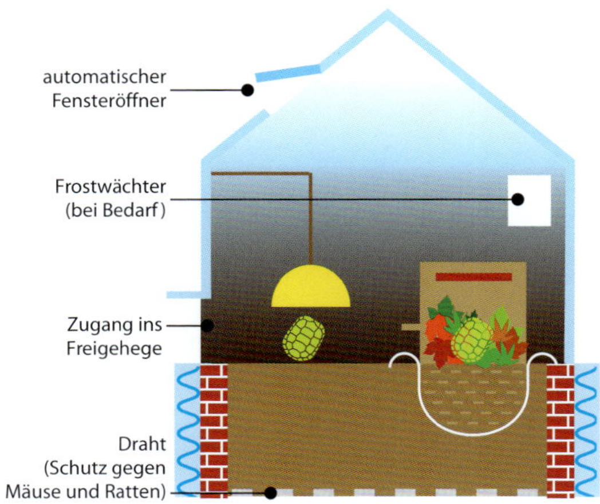

Gewächshaus inklusive Schutzhaus

Die Frühbeete und Gewächshäuser sind mit Gartenerde bzw. ungedüngter Blumenerde befüllt. Als Versteckmöglichkeit hat sich in den Schutzhäusern Laub oder Sphagnum-Moos bewährt, welches sich leicht anfeuchten lässt.
Tagsüber ist die Verbindungstür vom Frühbeet oder Gewächshaus ins angrenzende Freigehege geöffnet. So können sich die Tiere jederzeit im Freigehege aufhalten.

Die Schildkröten können tagsüber vom Frühbeet bzw. Gewächshaus in das angrenzende Freigehege gelangen.

Nur sehr selten vergräbt sich eine meiner Landschildkröten abends im Gehege. Griechische Landschildkröte *(Testudo hermanni hermanni)*

Schlüpfling der Maurischen Landschildkröte *(Testudo graeca ibera)* im Sphagnum-Moos

Nachts verstecken sich die Schildkröten in den integrierten Schutzhäusern. Die Frühbeete und Gewächshäuser sind nachts generell verschlossen (auch im Sommer). Eigentlich kann ich mich darauf verlassen, dass abends alle Tiere ihr Schutzhaus aufsuchen. Dennoch kontrolliere ich das und schließe abends gleichzeitig die Tür des Frühbeets bzw. Gewächshauses. Dadurch sind die Tiere vor kalten Nachttemperaturen, Naget eren etc. geschützt.

Automatischer Fensteröffner im Frühbeet verhindert einen Hitzestau und ist deswegen zwingend notwendig.

Auch bei Gewächshäusern muss ein automatischer Fensteröffner verwendet werden.

Hohe Lufttemperatur im Gewächshaus – die Bodentemperatur bei den Schildkröten ist selbstverständlich niedriger.

Meine Schildkröten können sich morgens im Frühbeet oder Gewächshaus sofort unter den Wärmelampen aufwärmen und so auf ihre benötigte Stoffwechseltemperatur kommen.

In einem Gewächshaus lassen sich bequem große leistungsstarke Wärmestrahler (PAR-Strahler, z. B. 75 oder 100 Watt) aufhängen. Im Frühbeet ist dies aufgrund der niedrigeren Gesamthöhe etwas schwieriger, vor allem bei zu kleinen bzw. einfachen (preislich günstigeren) Frühbeeten. Hier können Wärmestrahler von beispielsweise 50 Watt eingesetzt werden.

Die Temperatur im Lichtkegel der Wärmelampen sollte etwa 40 °C betragen. Die Tiere müssen den Bereich unter der Wärmelampe jedoch stets freiwillig aufsuchen und den Strahlungskegel auch wieder verlassen können.

Wichtiger Hinweis: Bitte lassen Sie die entsprechende Elektrik – insbesondere für Wärmelampen, Heizmatten und Thermostate – nur von einem Fachmann (Elektriker) installieren! Unfachmännisch verlegte Stromkabel sind ein Risiko für die Tiere und den Halter.

Kleines Freigehege für Schlüpflinge oder Jungtiere. Ein zusätzlicher Schutz gegen Vögel etc. muss angebracht werden.

Innenansicht eines Frühbeets für Schlüpflinge oder kleine Schildkröten

Naturnahe Haltung im Freigehege als Voraussetzung für eine erfolgreiche Überwinterung

Meine Schildkröten-Nachzuchten sowie Jungtiere (pro Gehege etwa 5–15 Tiere) werden art- und größenabhängig in kleinen Gehegen (nur ca. 2–4 m² Fläche) zuzüglich angrenzendem Frühbeet oder Gewächshaus gehalten. Zusätzlich ist ein Schutz (Draht oder Netz) gegen Vögel etc. angebracht.
Den ausgewachsenen Schildkröten stehen im Vergleich zu den Jungtieren verhältnismäßig sehr große Gehege mit einer Fläche von 50–80 m² zur Verfügung (bei ca. 3–6 Tieren).

Das Geschlechterverhältnis beträgt bei meinen ausgewachsenen Tieren etwa 1 : 2–3. Dies bedeutet: Pro Männchen werden etwa 2 oder 3 weibliche Schildkröten der gleichen Art bzw. Unterart zusammen gehalten. Die Tiere leben dauerhaft in diesen Gruppen. Eine (auch nur zeitweise) Geschlechtertrennung ist bei meiner Haltung nicht nötig.

Europäische Landschildkröten sind keine Einzelgänger. Griechische Landschildkröten *(Testudo hermanni boettgeri)* im Gehege

Meine Aufzeichnungen zur Winterstarrevorbereitung zeigen, dass von Mitte Oktober bis Anfang November die Tagestemperaturen in meinem Garten auffällig oft unter 10 °C bleiben.
Bei diesen kühlen Temperaturen würden die Tiere schnell in die Winterstarre fallen bzw. sich dauerhaft in den Schutzhäusern vergraben.
Wenn wir diesen Zeitpunkt durch Beheizen der Frühbeete oder Gewächshäuser etwas verzögern, ist es den Tiere ohne Weiteres möglich, noch von Anfang bis Mitte November aktiv zu sein. Dies habe ich in den letzten Jahren erfolgreich praktiziert.

Die Tiere sollen deswegen mit der Winterstarre erst im November beginnen, damit die Überwinterungsdauer (bis zum nächsten März) nicht zu unnatürlich lang ist.

Meine Tiere fressen durch die am Tage stundenweise zur Verfügung stehenden Wärmelampen noch im Oktober und sind weiterhin – wenn auch eingeschränkt – aktiv. Nachts sorgt eine Heizmöglickeit (Heizmatte oder Frostwächter, die über ein Thermostat geregelt werden) in den Frühbeeten und Gewächshäusern dafür, dass die Temperatur in den Schutzhäusern nicht unter 10–12 °C fällt.

Maurische Landschildkröte *(Testudo graeca ibera)* unter einer Wärmelampe im Gewächshaus

Andere Halter berichten mir, dass sich deren Tiere – ohne zusätzliche Ausstattung mit einem Frühbeet oder Gewächshaus sowie entsprechenden Wärmestrahlern und Heizmöglichkeiten – bereits Anfang September dauerhaft vergraben und nicht mehr aus der Erde kommen.

Bei meiner Art der naturnahen Haltung von Europäischen Landschildkröten ist eine Terrarienhaltung im Wohnhaus absolut überfüssig und unnötig (vgl. Abs. *Die „Übergangszeit": Falsche Rücksichtnahme schadet* im nächsten Kapitel). Die Tiere genießen im Freigehege – unter Einsatz geeigneter Technik (Wärmelampen und Heizmöglichkeiten) – ein möglichst naturnahes Leben. Außerdem können sie sich draußen in ihren Freigehegen eigenständig auf die Winterstarre vorbereiten. Europäische Landschildkröten benötigen dazu auch und gerade diese Temperaturreize (kühlere Nachttemperaturen), die sie im Terrarium bzw. in der Wohnung nicht wahrnehmen würden.

Selbständige Nahrungsaufnahme im Freigehege

VII

Vorbereitung auf die Winterstarre

Herbstimpressionen im Freigehege

Die Tiere halten sich im Herbst an schönen Tagen auch noch im Freigehege auf.

Wie in der Natur beginnt die Winterstarre für unsere Landschildkröten nicht plötzlich von einem auf den anderen Tag! Die Tiere merken bereits im August, dass die Tage nach und nach kürzer werden und die Temperaturen sinken. Der Schildkrötenhalter wird feststellen, dass die Tiere immer inaktiver werden, wenig fressen, bis sie sich ca. im November dauerhaft in die Erde eingraben und keine Aktivität mehr zeigen.

Wodurch bereiten sich Schildkröten im Freigehege auf die Winterstarre vor? Vor allem die niedrigen Nachttemperaturen und die Reduzierung der Tageslichtdauer sind für die Schildkröten Zeichen der bevorstehenden Winterstarre. In der Wohnung kann man diese beiden natürlichen Gegebenheiten nicht nachstellen. Selbst mit hohem technischem Aufwand wäre das nicht einmal annähernd möglich.
Aus diesem Grund können sich Europäische Landschildkröten nur in einem

Herbstimpressionen im Freigehege

Freigehege im Garten so eigenständig wie möglich auf die Überwinterung vorbereiten. Das ist auch für den Halter die beste und einfachste Art, die Tiere erfolgreich in die bevorstehende Winterstarre zu bringen.

Daher legt dieser Ratgeber den Schwerpunkt auf Winterstarrevorbereitung bei Freilandhaltung – so wie ich dies seit Jahren erfolgreich durchführe bzw. fortlaufend verbessert habe.

Trotzdem möchte ich Möglichkeiten der Winterstarrevorbereitung im Wohnhaus ansprechen. Dies kann z. B. nach Erkrankung einer Schildkröte im Sommer oder Herbst nötig sein. Ein solcher Aufenthalt sollte allerdings nur bis zur völligen Gesundung der Tiere dauern. Wenn die Tiere wieder gesund sind, werden sie in einem Holzterrarium auf die Winterstarre vorbereitet und anschließend im Kühlschrank oder im Keller überwintert. Diese Überwinterungsorte sind dann vorgesehen, wenn eine Überwinterung im Garten z. B. wegen sehr tiefer Außentemperaturen und starker Schneebedeckung nicht mehr möglich ist.
Dennoch: Wann immer die Möglichkeit besteht, sollten die Tiere in einem Freigehege im Garten – selbstverständlich unter Zuhilfenahme technischer Mittel wie Wärmelampen und Heizmöglichkeiten – gehalten und auf die bevorstehende Winterstarre vorbereitet werden.

Winterstarrevorbereitung in der Wohnung

In meinem ersten Landschildkröten-Buch *Fester Panzer – weiches Herz* (2005) habe ich die Winterstarrevorbereitung im Terrarium bewusst weggelassen, da ich sie für nicht artgerecht halte. In der Wohnung gelangt die natürliche Änderung von Tageslänge, Tageshelligkeit und Temperaturen nicht bis zu den Tieren. Diese Abweichung von den natürlichen Umgebungsbedingungen wird dann besonders stark, wenn das Terrarium dort aufgestellt wird, wo ohnehin wenig natürliches Licht verfügbar ist. Da ich aber sehr viele Anfragen erhielt, wie die Tiere in der Wohnung auf die Winterstarre vorbereitet werden können, habe ich mich entschlossen, auch hierzu Hilfestellung zu geben. Daher wurde die zweite, erweiterte Auflage (2008) meines Buches um dieses Thema ergänzt.

Im vorliegenden Winterstarre-Buch darf diese Art der Vorbereitung nicht fehlen, obwohl ich sie selbst nach wie vor für nicht gut halte und auch nicht empfehle. Dies gilt vor allem bei dauerhafter Terrarienhaltung. Allerdings kann bei unvorhersehbaren Ereignissen (Krankheit der Tiere im Sommer bzw. Herbst, Umzug des Halters etc.) solch eine Vorbereitung im Terrarium bzw. im Haus vonnöten sein.
Ich betrachte die folgenden Hinweise als ausschließlich für solche Situationen gedacht.

Bei der Winterstarrevorbereitung in der Wohnung gilt, wie gesagt, ganz grundsätzlich: Es gestaltet sich für den Halter als äußerst aufwendig und kompliziert, die in der Natur von Mitte September bis November durchschnittlich herrschenden bzw. nach und nach reduzierten Licht- und Wärmeverhältnisse nachzustellen. Führt man die Winterstarrevorbereitung aber dennoch in der Wohnung durch, ist es notwendig, eine Annäherung daran so weit wie möglich zu erreichen. Bitte bedenken Sie: Die Vorbereitung auf die Winterzeit durch ein Ins-Haus-Holen ist einer naturnahen Lebensweise im strukturierten Freigehege entgegengesetzt! Deswegen bedeutet dies für die Tiere ganz erheblichen Stress.
Außer wie erwähnt durch Umzug oder wegen tierärztlicher Behandlung, die den Winterstarrebeginn verzögert, kann eine Innenraum-Vorbereitung auf die Winterstarre, auch wegen eines jahreszeitlich ungünstigen Kaufs von Tieren im Herbst, nötig sein.

Meine Anleitung sollte in gar keinem Falle dazu führen, Schildkröten, die sonst im Garten leben, zur Winterstarrevorbereitung ins Haus zu holen! Ich möchte mit den folgenden Ausführungen eine Art Notlösung anbieten, die in den genannten oder ähnlichen Situationen eine Hilfe darstellt.

Wenn man sich für die Winterstarrevorbereitung in der Wohnung entscheidet, sollte man kein Glasterrarium verwenden. Foto: Petra Mederer

Damit können Schildkrötenhalter ihren Tieren auch in Ausnahmefällen eine Überwinterung ermöglichen und müssen sie nicht über den gesamten Winter hinweg wach halten.

Wichtig ist, dass man für die Winterstarrevorbereitung im Haus einen kühlen, ungeheizten und zugleich hellen Standort (z. B. leerstehendes Zimmer) wählt. Die Grundtemperatur von 20 °C in einem Wohnhaus ist viel zu warm. Die Temperatur im „Schildkröten-Zimmer" sollte ca. 15 °C betragen. Man sollte die Heizung ausgeschaltet lassen und die Fenster sollten nachts geöffnet werden können. Besser als „klassische" Glasterrarien sind blickdichte Gehege, z. B. eine aus Holz gezimmerte Kiste oder eine große und genügend hohe (mindestens doppelte Panzerlänge) Plastikwanne.

Bei kleinen Schildkröten (Schlüpflinge und Jungtiere) ist eine Fläche von ca. 1 x 1,5 m für die Winterstarrevorbereitung von ca. 5 Tieren ausreichend. Bei größeren und älteren Tieren wäre ein großes Holzterrarium von Vorteil (Größe etwa 2 x 1 m, oder besser 2 x 2 m). Die Einrichtung (Erde, Pflanzen, Versteckmöglichkeiten, Wärmelampen etc.) sollte der eines naturnah strukturierten Freigeheges vergleichbar sein.
Schildkröten sind immer vor Zugluft zu schützen. Dies gilt für Jungtiere und ausgewachsene Tiere gleichermaßen.

Der beste Zeitpunkt zur Vorbereitung auf eine Winterstarre im Wohnhaus liegt im späten Oktober bzw. November.
Sollten Schildkröten z. B. wegen notwendiger Medikamentengaben noch länger wach gehalten werden müssen, spricht nichts dagegen, die Tiere auch erst im Dezember oder Januar in die Winterstarre zu bringen, vorausgesetzt natürlich, die Tiere sind wieder gesund.
Dann sollten sie, wie die übrigen Tiere, bis etwa Mitte oder Ende März überwintern.
Die Reduzierung von Temperatur und Tageshelligkeit sollte nicht durch die Art oder Anbringungshöhe der Wärmelampen geschehen, sondern durch Reduzierung der Beleuchtungsdauer. Deswegen müssen die Lampen nachmittags allmählich früher ausgeschaltet werden.

Das morgendliche Anschalten der Wärmelampen sollte immer zur gleichen Zeit erfolgen. Die Vorbereitungszeit sollte jedoch nicht länger als die (in der folgenden Anleitung) angegebenen 3,5 Wochen dauern.

Winterstarrevorbereitung in der Wohnung innerhalb von 24 Tagen

1. bis 11. Tag:	■ Wärmelampen nur noch von 9 bis13 Uhr anschalten (mit abnehmender Tendenz),
	■ keine Wärmematten, kein Futter,
	■ in diesen 11 Tagen 1-mal baden,
	■ Gewicht 1-mal notieren.
12. bis 21. Tag:	■ keine Wärmelampen, kein Futter,
	■ in dieser Zeit 1-mal baden,
	■ immer frisches Wasser anbieten,
	■ ca. 18 °C am Tag, ca. 12-15 °C in der Nacht,
22. bis 23. Tag:	■ Schildkröten in einem Plastikbehälter mit ungedüngter Gartenerde und Laub in einen 8-10 °C kalten und dunklen Raum stellen,
	■ Gewicht notieren.
24. Tag:	■ Mit dem 24. Tag endet die Winterstarrevorbereitung.
	■ Bringen Sie die Tiere jetzt an ihren endgültigen Überwinter-ungsort. Das kann eine „Überwinterungskiste“ mit ungedüngter Gartenerde und Laub sein, die an einem 4-5 °C kühlen Ort, z. B. Keller, Zusatzkühlschrank, abgestellt wird.
	■ Kontrollieren Sie die Substratfeuchte und die Temperatur.

Die „Übergangszeit“: Falsche Rücksichtnahme schadet

Seit ich Schildkröten halte, bin ich immer wieder auf diesen Begriff gestoßen, den ich gerne zum Thema machen möchte. Viele Schildkrötenfreunde halten ihre Tiere in den Frühjahrs- und Herbstmonaten, also kurz vor bzw. nach der Winterstarre, in einem sogenannten Übergangsgehege (Terrarium, große Holzkiste etc.) im eigenen Wohnraum. Als Begründung für eine solche „Umsiedlung“ vom Freilandgehege in das Terrarium werden oft die zu kühlen Temperaturen angegeben.

Das Wort „Übergangszeit“ finde ich von der Sache her schlecht gewählt. Die kühleren Temperaturen im Herbst sind nämlich ein wesentlicher Faktor zur Vorbereitung auf die Winterstarre. Werden nun die Tiere im Herbst kurz vor der Winterstarre ins Haus geholt, erschwert der Halter seinem Tier ungewollt die Vorbereitung auf die Winterstarre. Die Tiere müssen sich regelrecht neu zurechtfinden. Kommt es im Herbst in den Gehegen zu einer Absenkung der Nachttemperatur auf bis zu 10 °C, ist das für das Tier ein Hinweis auf die anstehende Winterstarre. Deswegen wäre es für eine Schildkröte beispielsweise im Terrarium bei durchgehend 20 °C Zimmertemperatur nun zu warm.

Der gesamte Jahresrhythmus und der Hormonhaushalt der Tiere werden durch das Hereinholen in die Wohnung sehr durcheinandergebracht. Aus Sicht der Schildkröte stellt sich die Frage, ob denn nun der Winter schon ein so frühes Ende gefunden hat!

Kein schöner Anblick: winterwache Landschildkröten im Wohnhaus

Wie gesagt: Die für den Halter einfachste und für das Tier zudem beste Möglichkeit ist eine eigenständige Vorbereitung auf die Winterstarre im Garten.
Viele Schildkrötenfreunde glauben, die Tiere müssten im Herbst vor den abfallenden, kalten Temperaturen geschützt werden, indem man sie ins Haus holt. Belassen Sie Ihre Schildkröten stattdessen im Freigehege bzw. im Frühbeet oder Gewächshaus. Die Vorzugstemperatur der Europäischen Landschildkröten beträgt 35 °C (vgl. LAMBERT 1981, 1983; MEEK/JAYES 1982). Dies ist der Wert, den Europäische Landschildkröten tagsüber stundenweise benötigen, damit die lebensnotwendigen Stoffwechselvorgänge ideal ablaufen können. Daher beträgt die Temperatur unter den Wärmelampen meiner Tiere nur tagsüber für mehrere Stunden ca. 40–45 °C. So können sich die Schildkröten innerhalb kurzer Zeit aufwärmen.

Nur über eine entsprechende technische Ausstattung im Frühbeet bzw. Gewächshaus ist eine genaue Temperaturregelung möglich – und eben nicht im Wohnhaus. Nur diese stellt sicher, dass die Tiere, statt in die Winterstarre zu fallen, noch bis ca. November aktiv leben und die Möglichkeit haben, tagsüber vom Frühbeet oder Gewächshaus aus ins Freigehege zu gelangen.

Die erwähnte Technik gestattet es dem Halter, ohne großen Aufwand, den Winterstarreanfang bis weit in den Herbst hinein zu verschieben, entsprechend den natürlichen Gegebenheiten im Ursprungshabitat. Wie erwähnt ist die beschriebene Art der Vorbereitung für Landschildkröten die stressfreieste, natürlichste und damit beste Möglichkeit einer Einleitung der Winterstarre in menschlicher Obhut.

Nach der Winterstarre, die temperaturabhängig Mitte oder Ende März endet, leben die Tiere dann wieder aktiv im Freigehege, mit Unterstützung durch die Wärmelampen im Frühbeet bzw. Gewächshaus. Diese technische Ausstattung macht es unnötig, Europäische Landschildkröten vor und nach der Winterstarre ins Haus zu holen. Auf diese Weise ist der Notwendigkeit einer naturnahen Haltung Rechnung getragen.

Winterstarrevorbereitung im Freigehege

Europäische Landschildkröten bereiten sich nicht bei den ersten kühlen Tagen im Oktober auf die Winterstarre vor. Der entscheidende und auch deutliche Faktor für die Tiere ist die Tag-und-Nacht-Gleiche. Die Tiere registrieren nämlich die abnehmende Tageslänge bzw. die niedrigere Lichtstundenzahl, die reduzierte Tageshelligkeit und das damit verbundene Absinken der Umgebungstemperatur.
Bei einer naturnahen Haltung im Freigehege erkennen die Tiere diese Veränderung ihrer Umweltbedingungen eigenständig. Anders als bei einer (eigentlich für Schildkröten ungeeigneten) Terrarienhaltung muss man den Tieren hier kaum Hilfestellung durch Simulation der Veränderung von Temperatur und Helligkeit geben.

Im August steht bei meinen Tieren der Kot- und Gesundheits-Check für die Winterstarre an. Um Kot von den Tieren zu erhalten, werden sie Anfang August 10–15 Minuten in lauwarmem Wasser gebadet. Meist geben die Tiere dann nach kurzer Zeit Kot ab. Zusätzlich trinken sie Wasser oder nehmen Flüssigkeit über die Haut auf.

Freigehege im Herbst

Beim Baden geben die Tiere häufig Kot ab, der anschließend vom Fachtierarzt untersucht werden kann.

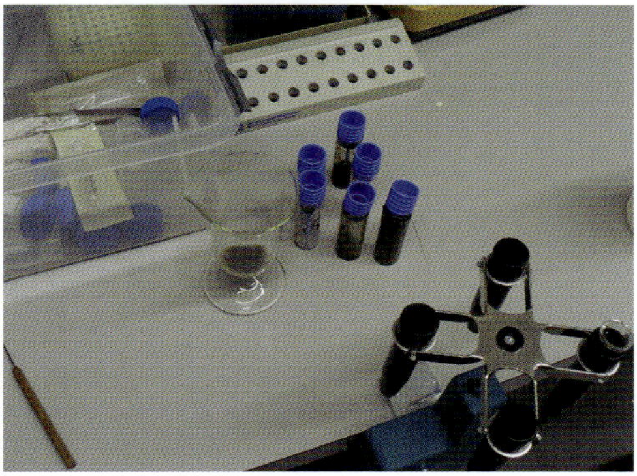

Die Kotproben sollten von einem auf Schildkröten spezialisierten Tierarzt untersucht werden.

Die Kotproben werden durch einen auf Schildkröten spezialisierten Fachtierarzt auf Würmer und andere Parasiten hin untersucht. Dazu müssen die Schildkröten nicht unbedingt dem schildkrötenerfahrenen Tierarzt vorgestellt werden. Es reicht aus, wenn nur die Probe untersucht wird. Sollten z. B. deutlich zu viele Würmer festgestellt werden, ist eine medikamentöse Behandlung nötig. Diese dauert meist mehrere Wochen. Im Anschluss muss sich die Schildkröte von der eventuellen Medikamentenbehandlung erholen und Medikamentenrückstände sowie abgestorbene Würmer ausscheiden. Da das Tier deswegen bis zur Überwinterung noch etwas Zeit benötigt, ist es wichtig, die Kotuntersuchung nicht erst im Herbst durchzuführen. Beachten Sie jedoch, dass nur bei einer größeren Menge an Parasiten eine Entwurmung notwendig ist, und nicht schon beim Vorhandensein einzelner Würmer. Eine prophylaktische (vorbeugende) Entwurmung ohne entsprechende Kotprobe ist ebenso abzulehnen.

Letztendlich entscheidet der Fachtierarzt, ob eine Entwurmung durchgeführt werden muss. Sollte die Notwendigkeit einer Entwurmung im August bestehen, bleibt anschließend noch genügend Zeit für die Winterstarrevorbereitung.

Ude Fass (2013) rät Haltern von Steppenschildkröten, dass diese Tiere bereits vor ihrer artspezifischen Sommerruhe auf Parasiten hin untersucht werden. Der beste Zeitpunkt zum Baden bzw. zur Kotuntersuchung wäre demnach ca. Juni.

Im Kapitel *Gesund durch die Winterstarre* habe ich Punkte genannt, die für das Erkennen des Gesundheitszustands der Tiere sehr wichtig sind. Diese prüfe ich natürlich nicht nur im August, sondern über das ganze Jahr. Sollten Probleme bzw. Auffälligkeiten festgestellt werden oder sich Unsicherheiten ergeben, rate ich stets zum Besuch beim Fachtierarzt, mindestens aber zu einer Kontaktaufnahme.

Bei weiblichen Landschildkröten ist zudem darauf zu achten, ob und wie viele Eiablagen stattgefunden haben. Schließlich sollten die Tiere im Frühjahr bzw. Sommer alle Eier gelegt haben. Der interessierte Halter kennt die Gewohnheiten und häufig auch die Anzahl der Gelege seines Tieres. Trotzdem sollte man, gerade während der Vorbereitungszeit auf die Winterstarre, ggf. zurückgehaltenen Eiern immer große Beachtung schenken. Anzeichen einer Legenot (unruhiges oder apathisches Tier) und ein damit verbundenes Zurückhalten der Eier können während der Winterstarre große Probleme verursachen, die manchmal sogar bis zum Tode führen.

Griechische Landschildkröte *(Testudo hermanni boettgeri)* bei der Eiablage im Mai

Der Halter sollte seine Tiere Ende September erneut baden, selbstverständlich ihnen aber trotzdem die Möglichkeit bieten, täglich sauberes Wasser zu trinken oder darin zu baden. Eine rechtzeitige und ausreichende Wasseraufnahme ist für ein gutes Überstehen der Winterstarre wichtig. Baden dient allerdings nicht dazu – wie oft zu lesen ist –, um den Darm vollständig zu entleeren, sondern den Wasserhaushalt für die Winterstarre vorzubereiten (Flüssigkeitsregulation). Die Tiere nehmen das Wasser hauptsächlich über das Trinken auf. Interessanterweise können sie auch Wasser über ihre Harnblase aktiv aufnehmen. Wenn ich meine Schildkröten 1-mal jeweils im August und im September bade, achte ich immer darauf, dass das Wetter schön warm und sonnig ist. Es sollte aber nicht heiß sein, denn die Tiere dürfen nicht in der Hitze bzw. in der vollen Mittagssonne gebadet werden. Ich setze die Schildkröte in lauwarmes Wasser und belasse sie dort für ca. 10 Minuten. Sollte ein Tier versuchen, aus der Wanne zu klettern, setze ich es wieder in das Gehege zurück.

In den Gehegen stehen zu jeder Zeit Wasserschalen bereit, die die Tiere sehr gerne aufsuchen.

Große Tiere werden einzeln in Wasserschalen gesetzt, um eine Kotprobe zu erhalten.

Bei Jungtieren setze ich mehrere Schildkröten zusammen in die Badeschale.

Zu neugierige Schildkröten werden wieder zurück in ihr Gehege gesetzt!

Das Baden soll nämlich kein „Zwangsbad" sein und die Tiere dadurch zu sehr stressen. Wird das Wasser durch Kot und Harn(säure) verschmutzt, so muss es ausgewechselt werden.

Große Tiere werden einzeln in die Badeschalen gesetzt. Jungtiere können zu mehreren gebadet werden. Die Wasserhöhe sollte so gewählt werden, dass die Tiere bequem mit dem Kopf aus dem Wasser ragen können. Daher sind bei ausgewachsenen Tieren schon ca. 2–3 cm Wasserhöhe ausreichend.

Während des Badens beobachte ich die Tiere genau. Zum einen, damit ich Stress sofort erkennen kann – sollte nämlich eine Schildkröte ständig unruhig in der Wanne umherlaufen, wird sie nicht mehr weiter gebadet. Zum anderen muss bei Verunreinigung des Wassers durch Kot oder Harn bzw. Harnsäure

ein Wasserwechsel vorgenommen werden. Weiterhin dient die Beaufsichtigung dazu, ein auf den Rücken gefallenes Tier schnell aus der brenzligen Situation zu befreien.

Neben Kot scheiden die Tiere beim Baden Harn bzw. Harnsäure aus.

Harn bzw. Harnsäure
Vor allem beim Baden kann man feststellen, dass die Tiere neben Kot auch Harn und Harnsäure ausscheiden. Gesunde Tiere geben Harn als klare Flüssigkeit ab (wässrige Konsistenz). Bei Harnsäure, die meistens zusammen mit Harn ausgeschieden wird, handelt es sich um ein wasserunlösliches Eiweißabbauprodukt. Die Konsistenz sollte weiß und pastenähnlich sein.

Badet der Halter seine Tiere im Herbst aber zu oft, kann es im Frühjahr zu Problemen kommen, da zu viele Bakterien mit dem Kot herausgespült werden, die für eine Verdauung wichtig sind.
THOMAS VINKE/SABINE VINKE (2004) sprechen von einer „Starterkultur" im Darm: Eine gewisse Kotmenge mit Bakterien muss im Darm vorhanden sein, damit die im Frühjahr aufgenommene Nahrung überhaupt verdaut werden kann. Andernfalls zersetzt der Darm das Futter nicht, und die Tiere „verhungern" trotz einer Nahrungsaufnahme.
Der Darm sollte weder zu stark gefüllt noch völlig entleert sein. Durch eine eigenständige Vorbereitung der Tiere auf die Winterstarre regelt sich dies von alleine bzw. wird durch die angegebene Vorbereitungszeit umgesetzt.

Die eigentliche – für den Halter jetzt offensichtliche – Vorbereitung der Tiere beginnt ab September. Fallen die Temperaturen im Schutzhaus des Frühbeets bzw. Gewächshauses nachts unter 15 °C, geht die Aktivität stark zurück.

Vorbereitung auf die Winterstarre

Wenn etwa im Oktober Tageslänge und Tageshelligkeit deutlich abnehmen, nehmen auch die Tiere immer weniger Nahrung zu sich, bis sie im November bei dauerhaft anhaltenden Nachttemperaturen im Frühbeet oder Gewächshaus von unter 10 °C gar keine Nahrung mehr aufnehmen und nur noch sporadisch Aktivität zeigen.

Die Tiere halten sich im Oktober und November nun meistens nur noch im Frühbeet bzw. Gewächshaus auf. Tagsüber wärmen sie sich unter den Wärmelampen. Anschließend verlassen sie höchstens nur noch kurz das Frühbeet bzw. Gewächshaus und sonnen sich im Freigehege. Manchmal nehmen sie noch Nahrung zu sich, allerdings nur noch geringe Mengen.

Bei diesen Temperaturen benötigen die Tiere tagsüber weiter zusätzliche Wärme durch Strahler. Nur so kann der Stoffwechsel weiterhin ablaufen.
Auch im natürlichen Habitat sonnen sich die Tiere an schönen Herbsttagen noch für wenige Stunden und nehmen auch noch etwas Nahrung zu sich. Entsprechend dem Aktivitätsverhalten meiner Tiere bleiben die Wärmelampen bis Anfang oder Mitte November angeschaltet, um in den Frühbeeten oder Gewächshäusern die zuvor genannte Temperatur von 9 bis 15 Uhr fokussiert zu gewährleisten.
Die Temperaturen im Bereich des Frühbeets bzw. Gewächshauses sowie im Schutzhaus außerhalb einer unmittelbaren Bestrahlung durch eine Wärmelampe sind selbstverständlich niedriger.

An kühlen Tagen verlassen die Schildkröten nur noch das Schutzhaus und halten sich unter den Wärmelampen auf.

Während der Vorbereitungszeit werden Wärmelampen sehr gerne angenommen.

Hier suchen meine Tiere die Wärmelampen tagsüber nicht mehr auf ...

... sondern sind bereits tief in der Erde vergraben und beginnen ihre Winterstarre.

In den Frühbeeten bzw. Gewächshäusern verwende ich sogenannte Spotstrahler als Wärmelampen. Bei kleinen oder jungen Tieren kommen meist Leuchtmittel von 50 Watt zum Einsatz. Bei größeren Tieren verwende ich

die im Fachhandel erhältlichen PAR-Strahler (z. B. 75 oder 100 Watt). Damit habe ich sehr gute Erfahrungen gemacht. Diese schaffen die notwendige Temperatur im Lichtkegel, also direkt an dem Platz, an dem sich die Tiere unter der Lampe aufhalten. Ich verstelle die Anbringungshöhe der Wärmelampen so, dass darunter ca. 40–45 °C erreicht werden. Bei allen Wärmelampen sollte man stets Porzellan- oder Metallfassungen verwenden. Diese sind bereits fertig montiert im Handel erhältlich. Auf die Verwendung von Kunststoffkomponenten etc. ist aufgrund der hohen Wärmeentwicklung zu verzichten.
Da sich meine Tiere von Frühjahr bis Herbst tagsüber jederzeit in den Gehegen aufhalten können und dort die natürlichen UV-Strahlen der Sonne aufnehmen, verzichte ich auf zusätzliche UV-B-Strahler.
Wenn sich die Tiere von Anfang bis Mitte November tagsüber im Schutzhaus des Frühbeets oder Gewächshaus über mehrere Tage hinweg nicht mehr aus der Erde ausgraben und die Wärmelampen nicht mehr aufsuchen, werden die Strahler komplett ausgeschaltet. Die Schutzhäuser werden nun dauerhaft geschlossen und komplett mit Laub aufgefüllt.
Durch die Erde („Temperaturpuffer“) in den Schutzhäusern ist ein zusätzliches Beheizen selbst bei Außentemperaturen um die 0 °C noch nicht nötig. Nur bei dauerhaften Minusgraden wird die Heizmatte mittels Thermostat eingeschaltet, wenn also die Temperatur bei den Tieren im Schutzhaus auf unter 2–3 °C fällt und ein weiteres Sinken zu erwarten ist. Kontrollieren Sie die Temperatur der Erde stets dort, wo sich die Schildkröte eingegraben hat. Dies kann z. B. mithilfe eines sogenannten Bratenthermometers erfolgen, welches vorsichtig neben das Tier gesteckt wird, oder eines digitalen Thermometers mit externem Fühler. Auch die Verwendung eines Funkthermometers ist sehr hilfreich, da man die ermittelte Temperatur bequem, z. B. im Wohnhaus, ablesen kann.

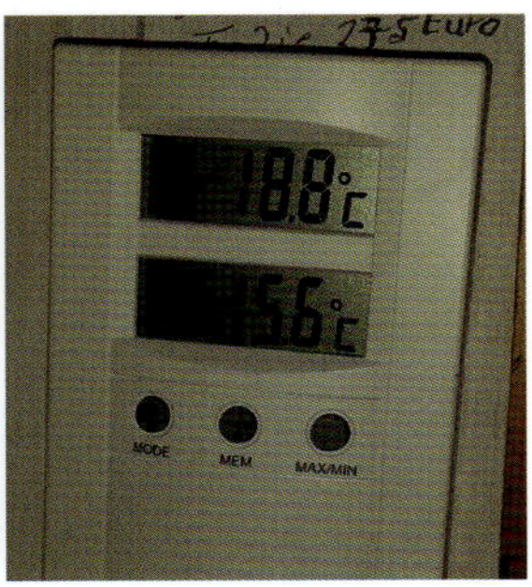

Links: Ein Bratenthermometer kann direkt in die Erde der Überwinterungskisten oder Schutzhäuser gesteckt werden.
Rechts: Auch die Verwendung eines digitalen Thermometers (mit externen Kabel) ist zusätzlich anzuraten.

Nach Winterstarrebeginn werden die Schutzhäuser mit Laub komplett aufgefüllt ...

... und die Türchen nun dauerhaft verschlossen.

Buchenlaub eignet sich für die Überwinterung Europäischer Landschildkröten sehr gut.

Halten Sie das Thermometer so nah wie möglich an das Tier. Achten Sie darauf, dass sich während der Überwinterungszeit die Position des Tieres in der Erde nicht wesentlich verändert. Die Winterstarretemperatur sollte möglichst

Diese Schildkröten haben ihre Winterstarre nun begonnen. Das Laub wurde zu Dokumentationszwecken beiseite geschoben.

Auch dieser Schlüpfling beginnt seine erste Winterstarre.
Foto: Larissa Geier

konstant bei 4–5 °C liegen. Die Tiere können nun im kontrollierbaren und beheizbaren Schutzhaus (des Frühbeets oder Gewächshauses) während der kompletten Winterstarre bleiben. Manchmal besteht die Notwendigkeit, die Tiere in ein anderes Überwinterungsquartier (z. B. Kühlschrank, Keller) zu überführen. Dies sollte geschehen, sobald sie sich in den Schutzhäusern dauerhaft eingegraben und somit die Überwinterung begonnen haben. Grund für die Verlagerung des Überwinterungsstandortes ins Haus kann eine sehr schneereiche Region sein. Unter hohem Schnee ist eine regelmäßige Überprüfung der Tiere nicht mehr möglich. Auch Gegenden wie das Bayerische oder Schweizer Alpenland, in denen die Temperaturen bis auf -25 °C fallen können, wären für eine Außenhaltung viel zu riskant. Außerdem sind die technischen Anforderungen (Heizung) sehr hoch. In solchen Fällen ist eine Überwinterung, z. B. im Kühlschrank (vgl. Kap. *Überwinterungs-Orte*), unbedingt anzuraten.

Überprüfung der Tiere während der Winterstarre bzw. Umsiedlung in ein ggf. anderes Überwinterungsquartier, Foto: Larissa Geier

Überprüfung der Tiere, der Temperatur und der Substratfeuchte während der Winterstarre, Foto: Larissa Geier

Kontrolle der Tiere während der Winterstarre bzw. Umsiedlung in ein ggf. anderes Überwinterungsquartier, Foto: Larissa Geier

Umsiedlung in ein anderes Überwinterungsquartier (z. B. Keller oder Kühlschrank),
Foto: Larissa Geier

VIII

Überwinterungs-Orte

Zu große Schneemassen sollten vom Gewächshausdach entfernt werden.

Der Überwinterungs-Ort, nur wenige Zentimeter unter dem Gehegeboden …

Während es zu Zeiten der Massenimporte von Europäischen Landschildkröten oft nur wenige Möglichkeiten gab, diese Tiere zu überwintern, stehen uns heute eine Vielzahl unterschiedlicher Überwinterungs-Orte zur Verfügung.
Früher wurden die Tiere z. B. häufig im Gewölbekeller oder Garten (teilweise mit Erfolg) überwintert. Es gab keinen Grund, die Tiere anderswo an vermeintlich „besseren" Orten zu überwintern. Erst mit dem Wissen um die Notwendigkeit und Wichtigkeit etwa einer speziellen Überwinterungstemperatur ist man dazu übergegangen, weitere Möglichkeiten auszuprobieren.

Generell gilt: Der Überwinterungs-Ort muss individuell betrachtet werden. Es gibt keinen „besten" Platz, auch nicht „die beste" Möglichkeit. Von Schildkrötenhalter zu Schildkrötenhalter, von Umgebungsort zu Umgebungsort gibt es viele verschiedene Aspekte, die entweder für eine bestimmte Überwinterungsart sprechen oder eben nicht.

... ist nicht wirklich frostfrei.

Im Folgenden möchte ich geeignete und weniger geeignete Überwinterungs-Orte aufführen, und zwar entsprechend zunehmender Naturnähe in aufsteigender Reihenfolge: Derjenige Überwinterungs-Ort, den ich für den am besten geeigneten halte, wird also am Schluss des Kapitels behandelt, wobei ich Frühbeet und Gewächshaus als beinahe gleichermaßen zweckmäßig erachte.

Unkontrollierte Überwinterung im Freigehege

Gerade bei Tieren, die bereits länger in menschlicher Obhut gehalten werden, stelle ich häufig fest, dass diese Schildkröten ihre Winterstarre völlig selbst „organisieren" müssen und können. Der Halter kümmert sich nicht um die Vorbereitung, nicht um die Suche nach einer geeigneten Überwinterungsstelle und auch nicht um den eigentlichen Verlauf der Winterstarre.

Eine unkontrollierte Überwinterung im Garten birgt Gefahren.

Als großer Freund einer möglichst naturnahen Haltung möchte ich meinen Tieren eine selbständige Nahrungsaufnahme in großzügig gestalteten Freigehegen bieten. Entsprechend belasse ich meine Schildkröten auch bei der Winterstarrevorbereitung ein höchstmögliches Maß an Eigenständigkeit. Das Grundprinzip naturnaher Haltung ist, Tiere als „autonome" Wesen zu betrachten. Dennoch gilt dieser Grundsatz nicht ohne Einschränkung: Sobald der Mensch Tiere nicht in der freien Natur bzw. nicht ihrem Ursprungshabitat belässt, bedürfen sie seiner Fürsorge. Das gilt auch und besonders für die Überwinterung Europäischer Landschildkröten in unseren Breiten. Selbstverständlich wird das nie in 100%iger Übereinstimmung mit der Natur geschehen können. Gerade deswegen ist es notwendig, die Vorgänge so gut durchdacht wie möglich zu gestalten und sie auch zu kontrollieren. Dies nicht im Übermaß, sondern immer nur entsprechend den Umständen und mit Rücksicht auch auf die Besonderheit jedes einzelnen Tieres.

Eine völlig ungeschützte Überwinterung im Garten birgt ein sehr hohes Risiko: den Kältetod. Die Umgebungstemperatur am Überwinterungsplatz muss über-

prüfbar und ggf. regulierbar sein. Die Gesundheit muss überwacht werden können. Ganz und gar sich selbst überlassen leben Schildkröten gefährlich. Sie brauchen Schutz vor Nagetieren. Und Schildkröten lassen sich in die Irre führen: Die ersten und lange erwarteten Sonnenstrahlen im Januar oder Februar haben bereits genug Kraft, um unsere Tiere aus der Winterstarre zu locken. Dann laufen sie zwar noch nicht durchs Gehege, graben sich aber allmählich an die Erdoberfläche. Dies ist ein natürlicher Instinkt, der ihnen in Mitteleuropa allerdings gefährlich werden kann. Denn anders als im Ursprungshabitat können bei uns die Temperaturen von einem zum anderen Tag rasant fallen. Frost kann sehr plötzlich eintreten. Oft gelingt es den Schildkröten dann nicht mehr, rechtzeitig zurück in tiefere Erdregionen vorzudringen. Sie erfrieren dann direkt unter der Erde.
Wenn mir Schildkrötenhalter diese traurige Geschichte erzählen, muss ich immer an das Sprichwort denken: „Der Krug geht so lange zum Brunnen, bis er bricht." Nur weil etwas längere Zeit gutgeht, muss es nicht gleichzeitig bedeuten, dass alles richtig gemacht wurde. Schildkröten ertragen Haltungsfehler. Dies auch über längere Zeit. Schäden müssen nicht sofort sichtbar werden. Das bedeutet aber keinesfalls, dass es sie nicht gibt. Deswegen ist es gut, die Tiere immer nur überwacht und kontrolliert zu überwintern.

Zum Zwecke einer kontrollierten Überwinterung muss sichergestellt sein, dass sich die Tiere mit Beginn der kälteren Jahreszeit nachts im Schutzhaus aufhalten. Deswegen muss dafür gesorgt werden, dass sich keine Schildkröte nachts im Freigehege vergraben hat. Auch ich musste schon die Erfahrung machen, dass eine Schildkröte im Herbst in meinen großen Freigehegen selbst nach langen Suchaktionen nicht mehr gefunden werden konnte. Das ist mir leider sowohl bei großen, ausgewachsenen Tieren vorgekommen als auch bei kleinen Jungtieren. Wie beschrieben ist diese unkontrollierte Überwinterung nach Möglichkeit so nicht durchzuführen. Bei Jungtieren, die in einem noch vergleichsweise kleinen Gehege leben, bietet es sich an, das komplette Gehege mit Laub aufzuschütten und Luftpolsterfolien etc. anzubringen, wenn man ein Tier wirklich nicht mehr findet. Damit kann man das komplette Gehege zumindest etwas schützen.
Bei großen Freigehegen ist dies nicht mehr ganz so einfach. Solche Tiere mussten früher auch bei mir im Garten leider ausharren.

Sollte sich eine Schildkröte abends im Garten vergraben haben, wird sie zurück in das Schutzhaus gebracht.

Inzwischen habe ich meine Frühbeete bzw. Gewächshäuser und Schutzhäuser so optimiert, dass die Tiere sie für die Winterstarre fast ausschließlich von selbst wählen. Nur sehr selten vergräbt sich ein Tier nachmittags im Gehege und versteckt sich somit nicht im Schutzhaus. Diese Tiere werden dann von mir abends eingesammelt und zurück in das Schutzhaus gebracht.

Überwinterung im Keller

Diese Überwinterungsmethode nenne ich die ursprüngliche, „klassische Winterstarre-Variante". Anfang der 50er bis Mitte der 80er Jahre wurden die erwähnten Massenimporte häufig ab Herbst im Keller (auch Gewölbekeller) untergebracht. Was sich heute auf den ersten Blick wenig vertrauenerweckend anhört, war jedoch damals sogar recht erfolgreich: Die feuchten Wände und Lehmböden der Gewölbekeller mit einer konstant kühlen Temperatur stellten eine recht gute Überwinterungsmöglichkeit dar. Unter dieser Bedingung hat die Mehrzahl der Tiere, die im Keller überwintert wurden, überlebt. Bei einer Überwinterung im Haus sind damals allerdings die allermeisten Tiere gestorben, denn eine Kühlschranküberwinterung war damals noch nicht üblich.
Inzwischen aber schreiben wir das 21. Jahrhundert. Gewölbekeller sind kaum noch anzutreffen. Neubauten haben isolierte Kellerräume, in denen es sogar für Kartoffeln und Obst zu warm ist. Gleiches gilt für Pflanzen, die nicht ganzjährig

im Freien bleiben sollen. Mediterrane Palmen, Oleander, Agaven, Fuchsien oder die Knollen der Begonie und Dahlien fühlen sich in zu dunklen oder zu hellen und zu warmen Kellerräumen auch nicht wohl. Diese Beobachtung kann doch nur bedeuten: Wenn schon Pflanzen aus dem Habitat der Schildkröte eine Überwinterung im Keller nicht guttut, wird das erst recht und viel stärker für Schildkröten selbst gelten. Deswegen sollte eine Überwinterung in einem Kellerraum der heute üblichen Bauart wegen der dort auch im Herbst und Winter zu hohen Temperaturen von vornherein ausscheiden.

Tiere, die sich zur Zeit der Massenimporte in den Wintermonaten im Keller wiederfanden, hatten noch Glück. Anderen erging es wesentlich schlechter. In einem trockenen Schuhkarton im Schlafzimmer unter dem Bett oder sogar unter der Heizung konnten die Tiere nur selten überleben. Es soll auch heute noch Schildkrötenhalter geben, die diese Überwinterungsmethode anwenden.

Früher wurden die Tiere häufig in Holzkisten im Keller überwintert.

Gewölbekeller sind heutzutage nur noch selten anzutreffen. Foto: Dagmar Lerch

Eigentlich kann man angesichts dessen weder von „Haltung“ noch von „Haltungsform“ sprechen, wenn eine Schildkröte in der Wohnung unter diesen Umständen überwintern muss. Nach meiner Überzeugung ist das unverantwortlich, und zudem ein eindeutiger Verstoß gegen das Tierschutzgesetz.

Im Vorwort war davon die Rede, dass ich in Bezug auf die Winterstarre einige alte Vorgehensweisen und Denkmuster aufbrechen möchte. Die unkontrollierte Überwinterung im Freilandgehege, die Kellerhaltung und die von mir so genannte Pappschachtel-Tortur zählen dazu.

Überwinterung in der Garage, im Stall oder Schuppen

Die Erfahrung hat gezeigt, dass die Temperaturen in der Garage, im Stall oder Schuppen in der Regel zu warm sind. Bei Umgebungstemperaturen von 10 °C (teilweise sogar bis zu 15 °C) wird eine Schildkröte nicht wirklich animiert, eine Winterstarre zu halten. Wenn hingegen die Temperaturen draußen deutlich unter die Null-Grad-Grenze gefallen sind, ist es an diesen Überwinterungs-Orten häufig viel zu kalt. Die Verwendung einer Heizung ist dann notwendig. Mittels Heizlüfter kann man Kälte zwar relativ schnell in den Griff bekommen, allerdings lassen sich zu warme Temperaturen nicht oder nur mit sehr hohem technischen Aufwand senken. Die ersten Jahre mussten meine Schildkröten aus Unwissenheit in solch einer (unbenutzten) Garage überwintern. Der mit 8 °C zu warmen Umgebungstemperatur habe ich damals leider wenig Beachtung geschenkt. Die Tiere verloren vergleichsweise viel Gewicht (etwa 5–15 %, bei feuchtem Substrat). Für mich stellen Garage, Stall oder Schuppen aus heutiger Sicht keine geeigneten Überwinterungs-Orte dar.

Überwinterung in der Garage (gestelltes Foto)

Überwinterung im Lichtschacht

Ich habe diese Art der Überwinterung bisher nie in Betracht gezogen. Durch meine vielen und, wie ich denke, eigentlich optimalen Überwinterungsmöglichkeiten im Frühbeet, Gewächshaus oder Kühlschrank musste ich diese Alternative nie nutzen. Aufgrund eines Zeitschriftenartikels von XAVER WAPELHORST (2008) habe ich mich mit dem Thema der Überwinterung im Lichtschacht allerdings doch einmal näher auseinandergesetzt.

WAPELHORST empfiehlt die Überwinterung sowohl von Landschildkröten (Breitrandschildkröten) als auch z. B. Schmuckschildkröten im Lichtschacht von Kellerfenstern. Zur Vorbereitung wird der vorhandene Gitterrost des Lichtschachts durch Bretter ersetzt. Eine darunter angebrachte 5 cm dicke Styrodur-Platte dient der zusätzlichen Dämmung. Ggf. muss ein Regen- oder Schneeschutz angebracht werden, damit nicht zu viel Wasser in den Lichtschacht gelangt.

Verschlossener Lichtschacht als Überwinterungs-Ort,
Foto: Xaver Wapelhorst

Lichtschacht, vom Keller her gesehen,
Foto: Xaver Wapelhorst

Wapelhorst rät dazu, die Überwinterungsboxen mit genügend Löchern am Boden auszustatten, um Staunässe zu verhindern (pers. Mitteilung). Dies kann z. B. mithilfe eines Lötkolbens oder einer Bohrmaschine erreicht werden.

Bei meinen Recherchen für dieses Buch habe ich einen Winter lang Temperaturmessungen in den Lichtschächten meines Kellers vorgenommen. Das Ergebnis war erstaunlich: Die Temperatur war zwar im September noch mit ca. 7 °C relativ warm. Von Ende Oktober bis Anfang November sank die Temperatur jedoch auf geeignete 4–6 °C ab.
Während länger andauernder Frostperioden habe ich den Lichtschacht von oben mit Styropor und Luftpolsterfolie abgedichtet und, als die Temperatur zu kalt wurde, das Kellerfenster geöffnet. Somit konnte die gemessene Temperatur im Lichtschacht durch die warme Luft aus dem Kellerraum leicht erhöht werden. Diese Temperaturangaben stimmen in etwa mit den Erfahrungen von Wapelhorst überein.

Mein Fazit: Mit erhöhtem Aufwand kann man im Lichtschacht ein geeignetes Überwinterungsquartier für Landschildkröten herrichten. Temperaturschwankungen können gut durch den Halter beeinflusst werden.
Ein Schutz gegen Nager (Mäuse, Ratten u. a.) ist, wie bei allen anderen Methoden auch, sehr wichtig, vor allem bei einem breitmaschigen Gitterrost.

Einziger Nachteil: Da die Temperatur im Lichtschacht deutlich schwankt, muss man geeignete Gegenmaßnahmen (Fester öffnen, Isolation auf Gitterrost anbringen) treffen und diese sehr regelmäßig überprüfen.

Kühlschranküberwinterung

Der Kühlschrank ist als Überwinterungs-Ort prinzipiell sehr gut geeignet – insbesondere dann, wenn kein hochwertiges Frühbeet oder Gewächshaus für eine Überwinterung zur Verfügung steht bzw. wenn Bedingungen wie Schneemenge und Temperatur (zu warm oder zu kalt) eine Überwinterung dort nicht zulassen.

Die Überwinterung im Kühlschrank hat sich in den letzten Jahren etabliert. Der entscheidende Vorteil: Im Kühlschrank können Sie Temperatur und Substratfeuchte durch Regulation beeinflussen. So lassen sich Ihre Tiere bei nahezu idealen konstanten Temperaturen überwintern. Außerdem ist eine Kontrolle auf Gesundheitszustand und Gewicht jederzeit möglich. Ganz wichtig ist es, die Kühlschranktür 2–3-mal in der Woche für ca. 30 Sekunden zu öffnen, damit ein Luft- und Sauerstoffaustausch stattfinden kann. Hierbei ist darauf zu achten, dass die Kühlschranktür stets wieder sorgfältig verschlossen wird. Schließlich genügt nur ein kleiner Spalt, um die Temperatur bei den Tieren sofort ansteigen zu lassen.

Natürlich sollte man einen Zusatzkühlschrank für die Überwinterung der Tiere verwenden. Obwohl ich es tatsächlich häufig sehe, halte ich es für bedenklich, Tiere an einem Ort zu überwintern, an dem auch unsere Lebensmittel untergebracht sind. Nicht nur die Temperaturschwankungen durch das ständige Öffnen sind problematisch, auch hygienische Gründe sprechen dagegen, Schildkröten im Kühlschrank neben Lebensmitteln zu überwintern. Letzteres bedeutet: Der Kühlschrank muss sehr häufig geöffnet werden, um an die Lebensmittel zu gelangen. Die immer wieder eingeschaltete Innenbeleuchtung stört die Winterstarre der Tiere ganz erheblich. Die Alternative – jetzt wird der Schildkrötenfreund lachen –, das Essen mit einer schwach leuchtenden Taschenlampe suchen!

Kühlschrank für die Überwinterung Europäischer Landschildkröten

Doch welcher Kühlschrank ist am besten geeignet? Für eine Überwinterung von Schildkröten rate ich dazu, kein gebrauchtes oder gar überaltertes Gerät zu verwenden. Nicht nur wegen der Energieeffizienz, sondern auch wegen der besseren technischen Verlässlichkeit und Ausstattung neuerer Geräte: Reduzierung der Geräusche des Kühlaggregates bzw. der Erschütterung. Außerdem sollte man darauf achten, dass kein Gefrierfach vorhanden ist. Dieses Fach nimmt nicht nur wertvollen Platz weg, sondern verbraucht zusätzlich Strom und hält die Temperatur im Innern des Kühlschranks nicht sehr gleichmäßig. Wie gesagt: Es ist wichtig, dass man die Beleuchtung im Kühlschrank ausschaltet. Bitte drehen Sie dazu das Leuchtmittel nicht aus der Fassung heraus, denn es kann dort Feuchtigkeit eindringen. Um dies zu vermeiden, verwenden Sie auch keine defekten Lampen.
Kleben Sie die Leuchtmittel nicht ab. Es gibt eine einfache Möglichkeit: Durch eine Arretierung des Kontaktschalters, z. B. mit einem Stück Pappe, am Türrahmen schaltet sich die Innenbeleuchtung bei Öffnung der Tür nicht mehr ein.

Wollen Sie mehrere Tiere oder große Exemplare überwintern, ist es notwendig, einen Standardkühlschrank durch ein größeres Modell zu ersetzen. Sehr beliebt sind hier sogenannte Getränkekühlschränke. Durch die vorhandene Glastür gelang jedoch die Helligkeit des Raumes direkt in die Überwinterungsbehältnisse. Bei Schildkrötenfreunden, die solche Geräte einsetzen, habe ich daher immer Abdunklungsvorrichtungen gesehen (Stoffe, Schilfmatten etc.).
Ich meine allerdings: Getränkekühlschränke haben nur den Vorteil, dass verhältnismäßig viele Tiere Platz darin finden.

Die Verwendung von alten Kühlschränken ist nicht zu empfehlen.

Einstellmöglichkeit des Thermostats

Kontaktschalter der Innenbeleuchtung

Immer mehr Kühlschränke besitzen digitale Einstellmöglichkeiten. So können Sie z. B. die gewünschte Temperatur von 5 °C durch Regler vorgeben.
Da Kühlschränke in erste Linie für Lebensmittel gedacht sind, darf man nicht von exakten Mess- bzw. Einstellwerten ausgehen. Daher würde ich mich nicht nur auf diese Anzeigen verlassen, sondern stets ein Thermometer – besser noch zwei unterschiedliche Temperaturmesser – verwenden.
Damit es nur zu relativ geringen Temperaturschwankungen kommt, sollte man so viel Masse wie möglich in den Kühlschrank hineinstellen. Dies können z. B. mit Wasser gefüllte und verschlossene Flaschen sein. Dadurch wird die Temperatur konstantgehalten, wenn man die Kühlschranktür für Kontroll- oder Lüftungszwecke öffnet.
Da auch innerhalb eines kleinen Kühlschranks ein Temperaturgefälle auftritt (kalte Luft sammelt sich unten), rate ich dazu, die Überwinterungsbehältnisse

regelmäßig auszutauschen, z. B. bei der Kontrolle alle 4–6 Wochen. Alternativ dazu kann man solche Tiere in diesen Bereichen des Kühlschranks überwintern, die eher kühlere Temperaturen bevorzugen (z. B. Steppenschildkröten).

Aufgrund der Temperaturabweichungen innerhalb eines Kühlschranks sollte man die einzelnen Bereiche der Kältekammer nicht nur sehr genau messen, sondern es ist auch ratsam, dem Kühlschrank ausreichend Zeit zu geben, um sich einzupendeln.
Es ist wichtig, dass Schildkröten die mit der Einregelung des Kühlschranks auf die Überwinterungstemperatur verbundenen Temperaturschwankungen nicht miterleben. Deswegen bitte nicht die Tiere unmittelbar nach Inbetriebnahme des Kühlschranks dort hinein überführen, sondern ca. 2–3 Wochen vor Einsetzen der Schildkröten unter realen Bedingungen testen (alle Überwinterungskisten, mit Erde und Laub befüllt, hineinstellen).

Zur Temperaturkontrolle eignen sich mehrere Thermometer gleichzeitig. Wenn Sie verschiedene Typen von Thermometern verwenden, sinkt die Fehlerrate der angezeigten Ergebnisse. Schließlich sind handelsübliche Thermometer nicht geeicht. Der Vorteil von hochwertigen bzw. hochpreisigen Thermometern liegt auf der Hand.

Laserthermometer (hier: Fa. Voltcraft) zur punktuellen, genauen und schnellen Messung

Um die Temperatur direkt bei den Tieren zu messen, verwende ich wie erwähnt Bratenthermometer. Diese sind sehr robust, wasserfest und benötigen keine Batterien. Außerdem verwende ich in meinen Kühlschränken auch digitale Thermometer. Die externen Fühler sind – wie bei allen Thermometern – dicht bei den Tieren platziert (vgl. Messung der Bodentemperatur in diesem Kapitel). Das mit dem Temperaturfühler verbundene Display kann außen am Kühlschrank angebracht werden. Somit lässt sich die Temperatur ablesen, ohne die Kühlschranktür ständig öffnen zu müssen.

Als sehr vorteilhaft hat sich auch die Anschaffung eines Laser- bzw. Infrarotthermometers erwiesen. So kann ich die Temperatur punktuell innerhalb weniger Sekunden messen. Die bereits erwähnten Temperaturunterschiede im Kühlschrank sind damit einfacher festzustellen.

„Temperatur-Mess-Box"

Für dieses Buch habe ich sehr viele Temperaturmessungen an verschiedenen Überwinterungs-Orten vorgenommen.
Neben Laser- bzw. Infrarotthermometer, digitalen Messmitteln und Bratenthermometer hat meine eigens entwickelte von mir so genannte Temperatur-Mess-Box sehr gute Dienste geleistet.
Einen kleinen Karton (Maße etwa 20 x 15 x 10 cm) habe ich mit Laub, Erde und einem großen Stein befüllt.

Utensilien für die Temperatur-Mess-Box

Mit Paketband werden alle Ränder abgeklebt, sodass keine Erde herausrieseln kann. In die schmale Kopfseite des Kartons wird dann ein Bratenthermometer gesteckt. Durch die Erde und den Stein (Wärmespeicher) nimmt die Box die Temperatur gut auf.

Fertige Temperatur-Mess-Box

Deren Messung ist darin besser möglich als beispielsweise durch den bloßen Einsatz eines Temperaturfühlers, der an eine beliebige Stelle gelegt wird und möglicherweise verrutscht.

Die Temperatur-Mess-Box kann nun auf die Zwischenböden des Kühlschranks, ins Schutzhaus der Frühbeete bzw. Gewächshäuser gestellt oder an eine andere Stelle gebracht bzw. dort vergraben werden. Meine Temperatur-Mess-Box dient einer möglichst genauen Simulation der am Messort herrschenden Verhältnisse, weil sie sich am Überwinterungsort der Schildkröte sehr genau positionieren lässt.

Temperatur-Fühler iButton®

Weil man aber mithilfe eines gewöhnlichen Thermometers oder der Temperatur-Mess-Box nur aktuelle oder Minimum-/Maximum-Temperaturen ablesen kann, möchte ich eine Möglichkeit vorstellen, die Messdaten über einen längeren Zeitraum aufzuzeichnen.
Der iButton® ist ein Thermometer, welches in Größe und Aussehen einer kleinen Batterie-Knopfzelle ähnelt. Mittels Datenkabel, Auslesegerät und verfügbarer Computersoftware wird der Temperaturmesser an einen PC angeschlossen. So lassen sich Messintervalle etc. programmieren bzw. Messdaten auslesen. Diese kann man in normale Tabellenprogramme übertragen und so-

mit interessante Diagramme erstellen. Der große Vorteil: Sie können den iButton® so programmieren, dass er über Wochen hinweg Daten aufzeichnet. Diese können Sie dann anschließend am PC auswerten.

iButton® (links oben) und Adapterkabel zum Computer

Damit der iButton® nicht verlorengeht, lege ich ihn z. B. in eine kleine Plastikbox (ca. 5 x 5 x 5 cm). Diese ist mit Erde befüllt (ähnlich der Temperatur-Mess-Box) und kann bequem im Garten platziert oder vergraben werden. Übrigens ist dieses praktische Messinstrument nicht nur im Zusammenhang mit der Winterstarre nützlich. Auch für die Ermittlung der Temperaturen im Schutzhaus, Frühbeet, Gewächshaus, Legehügel oder Inkubator hat es mir bereits sehr gut geholfen, interessante Temperaturverläufe zu erkennen!

Alternativ zum iButton® kann man einen USB-Datalogger verwenden, der – ähnlich wie ein USB-Speicherstick – an den PC angeschlossen wird. Messintervalle können so programmiert und z. B. Temperaturwerte ausgewertet werden.

Wenn Sie die Temperatur im Kühlschrank messen, werden Sie feststellen, dass es an der Wand vor dem Kühlaggregat zu Temperaturen kommen kann, die weit unterhalb der eingestellten 4 °C liegen, nämlich sogar zu negativen Werten. Daher sollte man seine Schildkröten nur in einer Wanne, Box etc. unterbringen, die nicht direkten Kontakt mit der Rückwand hat. Als Aufstellort des Kühlschranks eignet sich ein dunkler Standort in so weit wie möglich ruhiger Lage. Bitte weder Waschmaschine noch Trockner in direkter Umgebung betreiben, da diese Geräte Temperaturschwankungen im Raum verursachen

und die Winterstarre unserer Pfleglinge stören. Sie müssen sich die Funktionalität eines Kühlschranks wie folgt vorstellen: Er kühlt immer um einen gewissen Wert unter demjenigen des Aufstellorts.
Schwankt die Umgebungstemperatur, so wird auch die Temperatur im Kühlschrank schwanken. U. a. aus diesem Grund darf ein Kühlschrank nicht im Freien oder in einer Garage betrieben werden.

Der Kühlschrank sollte z. B. in einem Kellerraum aufgestellt werden.

Hier wird er nämlich bei entsprechend niedriger Umgebungstemperatur ungewollt zu einem Gefrierschrank, und als solcher eignet er sich nun einmal nicht zum Winterquartier für Schildkröten. Leider sind schon viele Tiere durch solche Unkenntnis erfroren.
Bei der sogenannten Kühlschrank-Methode gibt es weitere Punkte, die beachtet werden müssen. Die Technik, die die Temperatur stets konstant hält, kann im Umkehrschluss Probleme bereiten. Bei einem Defekt des Geräts kann die Temperatur sowohl schlagartig bis in den Frostbereich fallen als auch plötzlich ansteigen. Daher halte ich eine sogar mehrmals tägliche Temperaturkontrolle für wichtig. Dazu reicht es aus, die Temperatur von außen abzulesen.
An dieser Stelle möchte ich die Verwendung eines zusätzlichen Thermostats empfehlen. Sollte die Temperatur z. B. unter 3 °C fallen, schaltet dieses Thermostat die Stromversorgung des Kühlschranks umgehend aus, damit es nicht zu Minusgraden im Inneren des Gerätes kommt. Zu warme Temperaturen können hiermit jedoch nicht ausgeglichen werden. In diesem Fall wäre ein Thermometer mit Signalfunktion geeignet, das bei zu warmen Temperaturen Alarm schlägt.

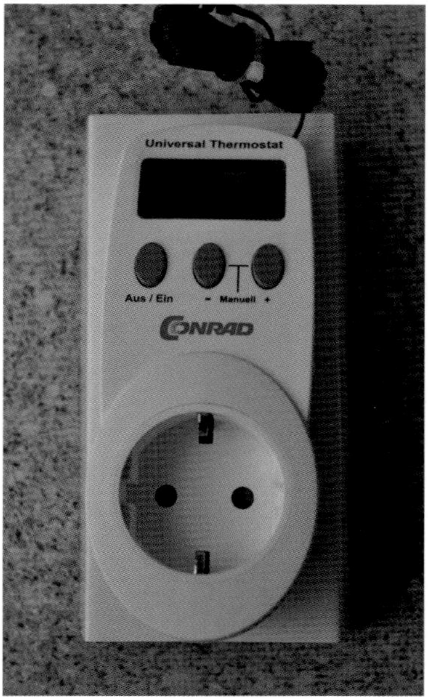

Ich bin von der Kühlschranküberwinterung sehr überzeugt und empfehle diese gerade Neulingen in der Schildkrötenhaltung gerne weiter. Ich möchte Ihnen jedoch den folgenden Hinweis nicht vorenthalten. Es kann vorkommen, dass die Stromversorgung Ihres Netzbetreibers durch Unwetter, Bauarbeiten etc. kurzzeitig unterbrochen wird.

Thermostat als „Notaus" bei zu kalten Temperaturen, Typ „Universal-Thermostat UT200" der Firma Conrad Electronic SE

Auch ein kurzfristiger Stromausfall genügt, um die Tiere zum Aufwachen zu bringen. Damit ich mir ein genaueres Bild von dieser Situation machen kann, habe ich Temperaturaufzeichnungen mithilfe des iButton® vorgenommen (vgl. nachfolgendes Diagramm).
Die Temperatur lag bei Versuchbeginn in den Überwinterungskisten dauerhaft zwischen 5 und 5,5 °C. Dann habe ich den Kühlschrank ausgeschaltet – selbstverständlich waren keine Tiere im Kühlschrank! Nach nur 15 Minuten ist die Temperatur bereits auf 8 °C angestiegen. Bei diesem Wert beginnt der Stoffwechsel der Tiere bereits anzusteigen. Das führt bei spätestens 10 °C zum Aufwachen der Tiere!

Ich möchte Sie mit diesem „Versuchsbericht" selbstverständlich in gar keiner Weise von einer Überwinterung im Kühlschrank abschrecken. Es geht auch hier darum, Möglichkeiten der Optimierung vorzustellen, und dazu gehört, jedes Risiko zu bedenken. Bei einer Überwinterung im Kühlschrank halte ich immer eine Möglichkeit parat, um auf Stromausfälle reagieren zu können, z. B. die kurzfristige Umquartierung in ein beheizbares Frühbeet oder Gewächshaus.

Dorthin kann ich die Tiere im Notfall mit den im Kühlschrank vorhandenen Überwinterungskisten umsiedeln, um die Winterstarre ohne Unterbrechung weiterzuführen. Bisher ist es bei mir zwar noch nicht vorgekommen, dass Kühlschränke durch einen technischen Defekt oder andere Gründe ausgefallen sind. Aber es beruhigt mich sehr, auch für diesen Fall gerüstet zu sein. Für manche Schildkrötenhalter ist die Überwinterung im Kühlschrank keine Alternative bzw. wird generell abgelehnt. Doch welchen Überwinterungs-Ort soll man wählen, wenn keine andere Möglichkeit besteht, die Temperatur optimal einstellen zu können? Deswegen lehne ich – im Gegensatz zu manchen anderen Haltern – den Kühlschrank als Überwinterungsmöglichkeit nicht generell ab, sondern empfehle ihn aufgrund der oben genannten Vorteile.

Temperaturverlauf im Kühlschrank nach dem Abschalten

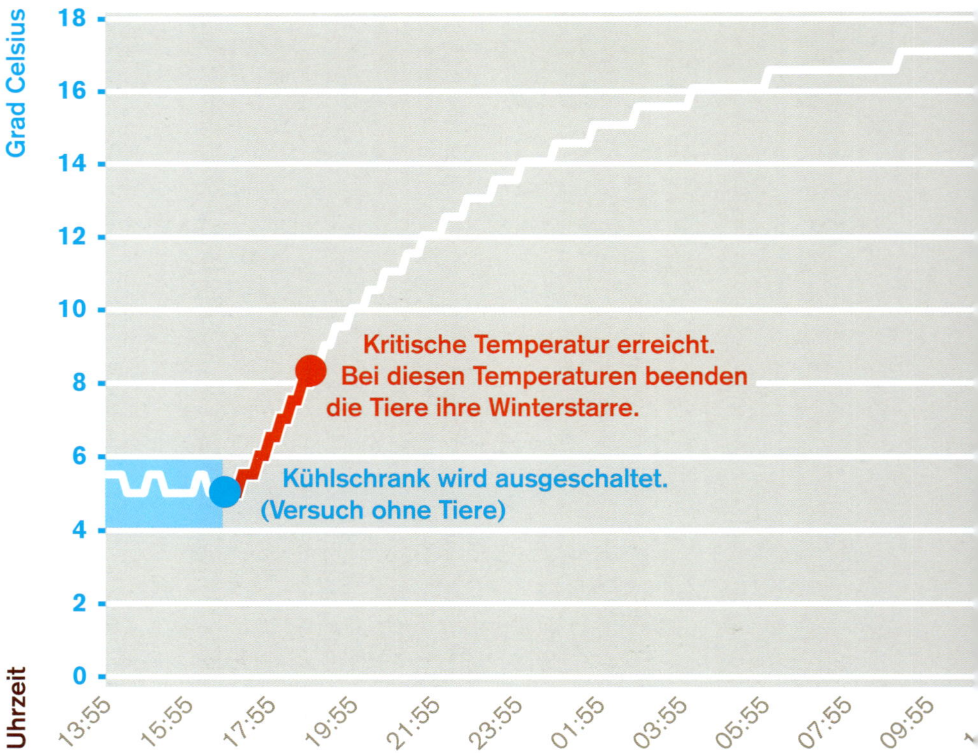

Überwinterung im Frühbeet

Eine weitere, jedoch für den Halter etwas aufwendigere Möglichkeit der Überwinterung stellt das Frühbeet dar. Auch diese Methode habe ich seit vielen Jahren sehr gut testen können. Die Frühbeete besitzen ein gut isoliertes Fundament, damit kein Frost eindringen kann. Zudem wird das Frühbeet am Fundament fixiert, damit es sich bei einem Unwetter nicht verschiebt oder sogar wegfliegt.

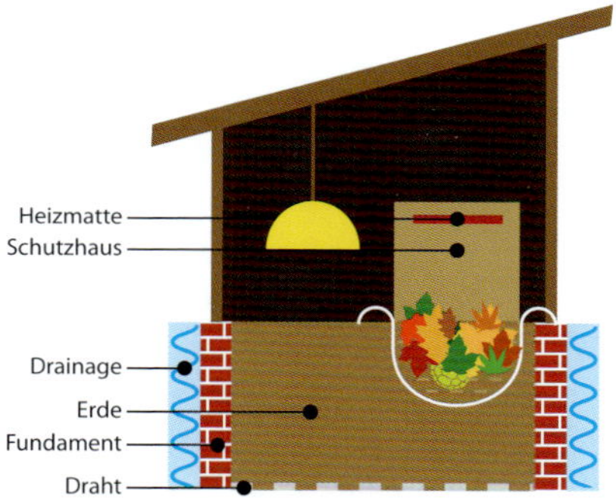

Schema der Frühbeet-Überwinterung

Überwinterung im Frühbeet

Dieses Frühbeet (eigentlich nur für Futterpflanzen gedacht) ist während eines Sturms weggeflogen.
Die Sicherung aller Frühbeete und Gewächshäuser mit z. B. genügend stabilen Schrauben ist sehr wichtig.

Durch das isolierte Fundament und mittels Heizmöglichkeit können meine Tiere auch im Schutzhaus des Frühbeets von November bis März überwintern. Wir haben zwar teilweise sehr milde Winter, dennoch sollte immer eine Heizmöglichkeit im Schutzhaus vorhanden sein. Während der Winterstarrevorbereitung im Herbst und nach dem Erwachen im Frühjahr dient eine Heizmatte dazu, das Frühbeet nachts etwas aufzuwärmen (10–12 °C). Während der eigentlichen Überwinterung wird der Innenraum der Frühbeete nur bei Bedarf frostfrei gehalten (mindestens 2 °C). Somit bleibt selbst bei Perioden starken Frosts die Temperatur der Erde um die Schildkröten herum stets frostfrei. Die Heizmatten werden mittels Thermostat gesteuert.

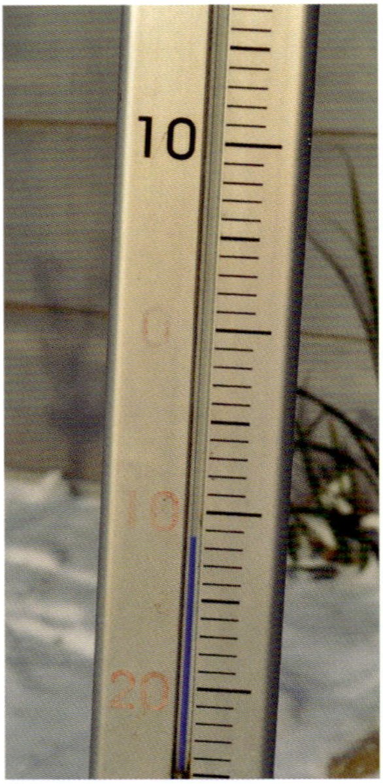

Bei solch niedrigen Temperaturen muss zur Überwinterung auch eine Heizmöglichkeit vorhanden sein.

Heizmatte mit der Bezeichnung „ThermoLux Wärmeunterlage“ der Firma Witte + Sutor GmbH

Während man bei der Kühlschranküberwinterung die Tiere zu jeder Zeit kontrollieren kann, gestaltet sich dies, in Abhängigkeit zu örtlichen Bedingungen, im Frühbeet manchmal schwierig: Schließlich möchte ich die Tiere nicht bei eisigen -10 °C aus der Erde graben und sie, umgeben von Schnee und Kälte, vor Ort im Freigehege kontrollieren und wiegen!

Schattierung der Frühbeete z. B. mithilfe von Strohmatten

Nicht nur zu kalte Temperaturen sind im Garten zu berücksichtigen, sondern eben auch anhaltende Wärmeperioden. Durch Abdecken der Plexiglasplatten der Frühbeete mit Strohmatten o. Ä. schütze ich den Innenraum vor Sonneneinstrahlung. Dadurch gelangen kaum Licht und Sonne in das Innere des Frühbeets. So kann sich das Frühbeet tagsüber nicht zu stark aufheizen. Die Lufttemperatur bleibt also im Inneren kalt und die Temperatur bei den Schildkröten in der Erde konstant kühl.

Ich bin bei meinen Temperaturkontrollen jedes Jahr aufs Neue begeistert: Die Erdtemperatur an der Stelle, an der die Schildkröten im Schutzhaus eingegraben sind, liegt bei sehr konstanten 3–6 °C. Bei sehr frostigen Außentemperaturen (z. B. bei -20° C) kann ich die Temperatur mit Heizmatten bei etwa 2° C halten. Die genannten extremen Minusgrade habe ich jedoch in meinem Außengehege in Mittelhessen entweder nur selten oder nur kurzzeitig gemessen.

Bevor man sich jedoch dazu entschließt, die Tiere für die komplette Winterstarrezeit von November bis März im Schutzhaus des Frühbeets überwintern zu lassen, rate ich dazu, unbedingt vorab einen Testlauf durchzuführen. Messen Sie während des Winters mehrmals täglich die Temperatur.

Sie können ausprobieren, bei wie viel Grad Außentemperatur Sie die Heizmöglichkeit anschalten müssen, damit die Erdtemperatur im Frühbeet nicht zu stark absinkt. Für diese Mess- und Versuchszwecke dürfen sich keine Schildkröten im Frühbeet befinden. Sie können die Tiere beispielsweise mit Ihrer bisherigen Methode überwintern, z. B. in einem Kühlschrank (vgl. zuvor).

Für die Gewährleistung einer optimalen Überwinterungstemperatur ist auch der Stellplatz des Frühbeets sehr wichtig.

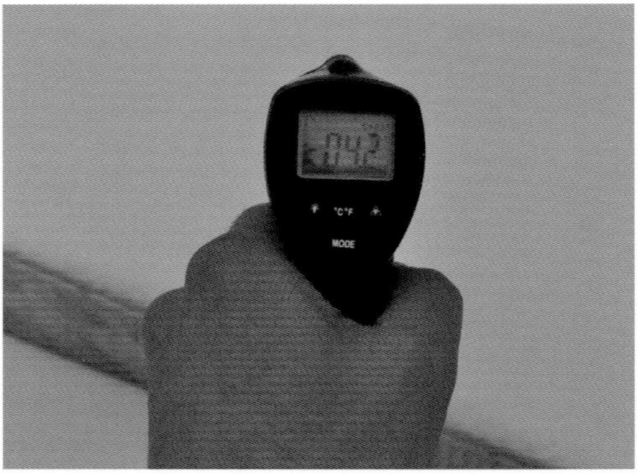

Temperaturkontrollen sind sehr wichtig und hilfreich, um einen sicheren Überwinterungsplatz zu finden.

Chelonium®: hochwertiges Thermo-Frühbeet, welches speziell für die Haltung von Kleintieren entwickelt wurde

Wird ein Frühbeet z. B. freistehend im Garten bzw. im Gehege aufgebaut, ist es unter Umständen weniger stark geschützt als ein Frühbeet an einer Hauswand. Windschneisen etc. sind also bereits sowohl beim Bau der Gehege als auch der Frühbeete und Gewächshäuser zu berücksichtigen.

Auch die Qualität der verwendeten Plexiglasplatten ist entscheidend für die Innentemperatur. Bei sehr einfachen (günstigen) Frühbeeten kann der Innenraum nur mit viel Technik frostfrei gehalten werden. Bei qualitativ hochwertigen Frühbeeten mit stabilen Plexiglasplatten, die speziell für die Schildkrötenhaltung entwickelt sind, lässt sich die Temperatur dort durch die starken Plexiglasscheiben bzw. Doppelstegplatten deutlich besser regulieren. Ich bin inzwischen dazu übergegangen, alte bzw. einfache Frühbeete durch solche Spezial-Frühbeete (oder sogar Gewächshäuser) nach und nach zu ersetzen.

Keine Überwinterungsmethode ist vor eventuellen Gefahren bzw. Problemen gefeit. Unwetter in Form von starkem Niederschlag können – bei fehlender Drainage – das Erdreich im Schutzhaus entweder zu sehr durchnässen oder sogar überfluten. Auch ich musste eine solche Überschwemmung schon erleben.
Es blieb nichts anderes übrig, als die Tiere kurzerhand in den Kühlschrank zu überführen. Hier wurden sie dann, mehrmals wöchentlich kontrolliert, um eine folgende Erkrankung der Tiere unbedingt auszuschließen.

Überschwemmung durch mildes Tauwetter und einsetzenden Regen

Die anfallenden Regenmassen konnten nicht schnell genug abfließen.

Im Frühjahr nach der Überflutung wurden Drainagerohre verlegt. Eine Überschwemmung ist seitdem nicht mehr aufgetreten.

Im darauffolgenden Frühjahr habe ich dann alle Frühbeete mit einer zusätzlichen Drainage ausgestattet, die Regenwasser oder geschmolzene Schneemassen vom Frühbeet oder Gewächshaus wegfließen lassen. Seitdem ist ein zu starkes Durchnässen der Erde bzw. Überfluten nicht mehr aufgetreten.

Vor allem bei nicht sehr stabilen Plexiglasplatten ist im Winter darauf zu achten, dass die Schneelast nicht zu groß wird. Bei der Verwendung von hochwertigen Frühbeeten (stabile Doppelstegplatten) muss der Schneelast in der Regel nicht allzu große Aufmerksamkeit geschenkt werden. Allerdings kann es bei milden Temperaturen zu plötzlichen Schneeschmelzen kommen. Zusammen mit einsetzendem Regen fallen dann schnell große Wassermengen an. Daher befreie ich die Frühbeete rechtzeitig von Schnee.
Etwaige Eisschichten auf den Plexiglasplatten dienen der zusätzlichen Isolation und werden nicht entfernt. Ein kleiner positiver Nebeneffekt: Die Plexiglasscheiben werden auch nicht durch einen Besen oder Schneeschieber zerkratzt.

Im Winter befreie ich die Frühbeete und Gewächshäuser vom Schnee, damit die Dachlast nicht zu groß wird.

Überwinterung im Gewächshaus

Die Überwinterung im Gewächshaus ist mit der Überwinterung im Frühbeet vergleichbar. Sie ist allerdings nach meiner Auffassung noch etwas besser geeignet: Die Temperatur lässt sich aufgrund des größeren Volumens besser regeln

als in einem kleinen Frühbeet. Außerdem sind die Kontrollen darin besser möglich, da der komplette Überwinterungs-Ort für den Schildkrötenhalter begehbar ist. Durch die größere Grundfläche lassen sich außerdem bequem mehrere Tiere überwintern.

Heizmöglichkeiten müssen selbstverständlich – wie beim Frühbeet auch – vorhanden sein. Anstelle einer Heizmatte im Schutzhaus des Gewächshauses kann man einen Frostwächter installieren. Dies ist ein Raumheizgerät, welches mittels Thermostat die Umgebungstemperatur im Gewächshaus frostfrei hält. Das Gerät lässt sich z. B. durch eine Montage an der Wand sicher befestigen. Wegen seiner Wärmeentwicklung (Brandgefahr) ist der Frostwächter ausschließlich im Innern des Gewächshauses und nicht in dem kleinen Schutzhaus darin zu verwenden!

Oben: Überwinterung im Gewächshaus

Unten: Gewächshausheizung als „Frostwächter"

Selbst wenn das komplette Gewächshaus vor Fressfeinden (Mäusen, Ratten, Marder etc.) geschützt ist, würde ich die Tiere niemals direkt in die Erde setzen. Stattdessen bieten separate Schutzhäuser (z. B. die erwähnten Holzkisten) einen idealen Überwinterungs-Ort.

Die Tiere überwintern im Schutzhaus.

Kunststoffwanne/Mörtelwanne

Eine Abdunklungs- bzw. Schutzvorrichtung gegen zu starke Aufwärmung ist in jedem Fall notwendig. Entweder wird das komplette Gewächshaus abgeschattet, oder eben nur Teile davon.

Das Schutzhaus, in dem die Tiere überwintern, ist stets zu schattieren und somit vor Temperaturerhöhung durch Licht- oder Sonneneinstrahlung zu schützen. Als Schutzhäuser, die ich auch in den Frühbeeten verwende, bevorzuge ich die erwähnten für Schildkröten begehbaren Holzkisten.

Unter den Schutzhäusern befinden sich mit Erde befüllte Kunststoffwannen (z. B. Mörtelwannen). Hierin graben sich die Tiere je nach Panzergröße bis zu 40 cm tief ein. Sobald die Schildkröten sich dauerhaft tagsüber so eingegraben haben, schließe ich die kleine Tür des Schutzhauses und habe so einen dunklen und sicheren Überwinterungsplatz.

Ich habe mich dazu entschlossen, keine Löcher in die Seitenwände oder in den Boden der Kunststoffwannen einzubringen.
Schließlich gelangt kein Regen oder Schmelzwasser von oben in diese Kunststoffwannen, da sich sowohl das Frühbeet als auch das Gewächshaus über dem Schutzhaus und damit auch über der Kunststoffwanne befinden und deswegen kein Wasser durchlassen.
Löcher in den Kunststoffwannen würden nämlich dazu führen, dass diese von unten oder seitlich mit Wasser volllaufen würden.

Mit Erde befüllte und mit Thermometer versehene Kunststoff-/Mörtelwanne

Anders würde es aussehen, wenn Wasser von oben eindringen kann. Dann sind selbstverständlich solche Löcher zwingend notwendig, damit die Tiere nicht im nassen Substrat überwintern müssen. Dann muss aber auch sichergestellt sein, dass das Wasser z. B. durch eine Drainage wegfließen kann und es zu keiner Staunässe kommt.

Wie beim Frühbeet auch, entferne ich, falls notwendig, regelmäßig Schnee vom Gewächshaus, damit die Dachlast nicht zu groß wird. Die Gefahr von

Schneeschmelze auf dem Gewächshausdach

Zu große Schneemassen sollten vom Gewächshausdach entfernt werden.

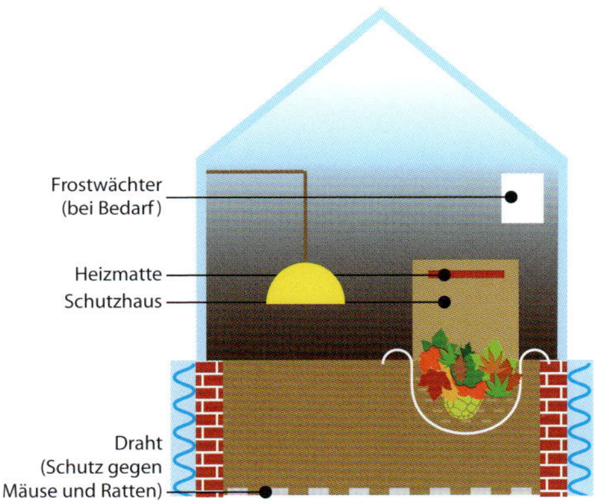

Schema der Überwinterung im Gewächshaus

Überschwemmungen wird auch hier durch ein Drainagerohr im Boden verhindert, damit sich geschmolzener Schnee oder starker Regen nicht im Schutzhaus bzw. um die Mörtelwannen sammelt.

Wie Sie sicher festgestellt haben, macht es mir große Freude, die Temperaturen an den verschiedenen Überwinterungsmöglichkeiten zu messen und zu notieren. Im Gewächshaus ist das Temperaturgefälle ebenfalls sehr ausgeprägt (vgl. verschiedene Temperaturzonen im Kühlschrank).
In Giebelhöhe können im Winter tagsüber Temperaturen von 25 °C herrschen, hingegen auf dem Boden nur 10 °C. Nachts sinkt die Temperatur allerdings schnell ab. Die Temperaturwerte bei den in der Erde überwinterten Schildkröten sind dagegen wiederum anders, nämlich konstant kühl.

Faktoren/Orte	Garage, Stall, Schuppen	Freigehege unkontrolliert
Temperatur	—	—
Substratfeuchte	+	+
Kontrollmöglichkeit	+++	— —
Einfachheit	+	—/+
Bewährtheit	Nein	Nein

Legende:

— —	**sehr schlecht**
—	**schlecht**
—/+	**neutral**

Generell gilt:
Geeignete Überwinterungsorte müssen die notwendige Temperatur möglichst konstant halten. Sie dürfen weder zu warm noch zu kalt sein. Dies ist – gerade bei der Überwinterung im Frühbeet oder Gewächshaus – über einen längeren Zeitraum (am besten die komplette Überwinterung hinweg) zu testen.
Unabhängig vom Überwinterungsort müssen Schildkröten einen absolut sicheren Schutz vor Fressfeinden (Ratten, Mäuse, Marder etc.) haben. Dies kann ein sehr engmaschiger Draht sein, den man komplett um die Überwinterungskiste legt.
Außerdem sollte die bevorstehende Winterstarre unbedingt gut vorbereitet werden.

	Lichtschacht	Kühlschrank	Frühbeet	Gewächshaus
	+	+++	+	++
	+	++	++	++
	++	+++	++	+++
	+	+++	++	++
	Ggf. mit Aufwand	Ja, gerade sehr für Anfänger geeignet	Ja, mit technischem Aufwand sehr geeignet	Ja, mit technischem Aufwand sehr geeignet

+	gut
++	sehr gut
+++	hervorragend

Erst wenn geeignete Überwinterungskisten besorgt sind und das Substrat (Erde, Sphagnum-Moos, Laub) vorhanden ist, können die Tiere überwintert werden.
Kühlschränke müssen vorab hinsichtlich Funktionalität (konstante Gewährleistung der optimalen Temperatur) überprüft und am besten etwa 2-3 Wochen lang getestet werden.
Gleiches gilt für die Überwinterung im Keller, Lichtschacht, Frühbeet oder Gewächshaus. Ein Testlauf sollte immer vorangehen (bei den zuletzt genannten Überwinterungs-Orten idealerweise den ganzen Winter).
Schattierungen für Frühbeete oder Gewächshäuser sollten montiert werden, sobald sich die Tiere dauerhaft in die Erde eingegraben haben.

IX

Die Überwinterung

Laub ist ein ideales Überwinterungssubstrat für Landschildkröten.

Im Folgenden möchte ich wichtige Aspekte der eigentlichen Überwinterung behandeln.

Temperatur

Ich zähle die Temperatur zu den wichtigsten Faktoren der Winterstarre bei Europäischen Landschildkröten. Wie bereits im Kapitel *Winterstarre im natürlichen Verbreitungsgebiet* beschrieben, müssen wir in Bezug auf die Überwinterungstemperatur einen „Kompromiss-Wert" finden, denn selbst innerhalb eines relativ geringen Verbreitungsgebiets von Europäischen Landschildkröten können sehr große Temperaturunterschiede auftreten. So nennt WEGEHAUPT (2006) für Griechenland z. B. lokal stark variierende Überwinterungstemperaturen mit daraus resultierender unterschiedlicher Überwinterungsdauer.

Die Temperatur ist ein wichtiger Faktor während der Überwinterung.

VINKE/VINKE (2004) geben die optimale Überwinterungstemperatur mit 2–6 °C an bzw. empfehlen einen Temperaturbereich von 4–6 °C. Uns Schildkrötenhaltern bleibt also nur ein Kompromiss, der die Überwinterungstemperatur sowie die Überwinterungsdauer als Richtwert angibt.

Ich habe die letzten Jahre hervorragende Erfahrungen mit einer Überwinterungstemperatur von 4–5° C gemacht. Meine Tiere haben bei diesen Werten kaum an Gewicht verloren. Im Kühlschrank können wir diesen Temperaturwert sehr genau einstellen und überwachen. Im Frühbeet oder Gewächshaus ist dies nicht ganz so einfach möglich. Dort lasse ich einen Toleranzwert zu, der bei 3–6 °C liegt. Die tatsächlichen Temperaturen dürfen aber diesen Wert nicht unter- oder überschreiten. Wie gesagt: Zu kalte oder gar frostige Temperaturen können den Tieren schaden, und sogar nur vorübergehende zu warme Überwinterungstemperaturen von 7 oder 8 °C lassen den Stoffwechsel ansteigen. Die Tiere würden innerhalb kurzer Zeit die Winterstarre beenden.
Um die Temperaturen exakt zu messen, habe ich bereits auf verschiedene unterschiedliche Thermometer hingewiesen und auch gesagt, dass die Temperaturen von mir ständig überprüft werden, vor allem im Kühlschrank, da dort Schwankungen kurzfristig auftreten können. Vielleicht folgen Sie meinem Vorschlag, notieren also die Messwerte und bereiten sie sogar grafisch auf.

Auf die Angabe von Temperaturwerten an verschiedenen Überwinterungs-Orten möchte ich nicht verzichten. Bitte haben Sie aber Verständnis dafür, dass ich

Temperaturen nur beispielhaft angebe. Schließlich sind die Temperaturen in einem Schildkrötengehege je nach den in einer Region herrschenden klimatischen Bedingungen unterschiedlich. Auch die Qualität der Frühbeete bzw. Gewächshäuser, der Aufstellort des Geheges etc. beeinflussen die Temperaturverhältnisse. Zu welch ausgeprägten Temperaturunterschieden es bei mir im Garten gekommen ist, möchte ich der Vollständigkeit halber zeigen.

Temperatur im Garten:	- 8	3	8	14
Lufttemperatur im Gewächshaus:	- 1	6	12	19
Erdtemperatur im Gewächshaus:	3	4	5	6

Je 3 Messungen an 4 Tagen in °C

Dauer

Die Überwinterungsdauer ist abhängig von der Art bzw. dem Vorkommensgebiet der Schildkröten. Bereits hier entsteht für uns Halter die erste Problematik, da die Herkunft nicht immer exakt genug angegeben werden kann. Deswegen muss also auch hier ein ungefährer Richtwert gefunden werden.

Im natürlichen Habitat verbringen die Tiere ihre Winterstarre etwa von November bis März. Dort kommen vereinzelt warme und sonnige Tage vor, teilweise wachen die Tiere in den milden Wintermonaten auf und sonnen sich tagsüber für wenige Stunden. Die Natur sorgt aber gleichzeitig auch dafür, dass nun bereits Futter zur Verfügung steht.

Wegehaupt (2006) beschreibt, dass zwischenzeitliches Aufwachen und eine Futteraufnahme im natürlichen Verbreitungsgebiet für die Tiere keinesfalls gefährlich sind. Das bestätigt meine Auffassung, dass Schildkröten auch mit geringen Futterresten im Darm überwintern können.

Es ist also nicht nötig, wie später im Kapitel *Irrtümer bei der Überwinterung* beschrieben, dass man die Tiere im Herbst komplett „leerbadet“.

Wegehaupt betont ausdrücklich, dass Schildkröten lediglich im Ursprungshabitat während der Winterzeit kurzzeitig aktiv sind. Deswegen lasse ich meine Tiere durchgehend im Kühlschrank, Frühbeet oder Gewächshaus überwintern, und zwar bei konstant kühlen Temperaturen.

Mittels Wärmelampen und Heizmöglichkeiten kann ich bei meinen Tieren den Überwinterungsbeginn auf ca. Mitte November verschieben. Wenn zwischen Mitte und Ende März die Temperaturen allmählich ansteigen, beenden die Schildkröten in den Schutzhäusern der Frühbeete bzw. Gewächshäuser eigenständig die Winterstarre.

Tiere, die im Kühlschrank überwintern, setze ich gegen Ende März wieder in die Schutzhäuser zurück.

Substrat

Für die Schildkrötenhaltung gibt es verschiedene Substrate, die sowohl in der Haltung im Sommer als auch für die Überwinterung verwendet werden.

Folgende Kriterien sollte ein Substrat (für die Überwinterung) erfüllen:

- lockere Konsistenz,
- wasserspeichernd,
- nicht staubend,
- unbedenkliche Inhaltsstoffe.

Gerade bei der Überwinterung spielt ein lockeres Substrat eine wichtige Rolle. Lufteinschlüsse helfen, vor Kälte bzw. Wärme zu schützen, denn Luft ist ein guter Temperaturspeicher (Isolationswirkung). Vor allem bei der Überwinterung im Frühbeet oder Gewächshaus ist dies ein Vorteil.
Das Überwinterungssubstrat sollte eine gewisse Grundfeuchtigkeit aufweisen und leicht nachzufeuchten sein.

Beides gilt allerdings nicht für die Steppenschildkröte! Staunässe sollte jedoch immer bei allen Schildkrötenarten vermieden werden.
Sehr staubige Substrate könnten die Atemwege und die Augen reizen. Daher bitte stets auf nicht staubende Materialien achten. Weiterhin sollte das Material keine bedenklichen Inhaltsstoffe (z. B. chemische Rückstände, Düngemittel etc.) aufweisen.

Substrat NEIN GEEIGNET

Für eine Überwinterung nicht geeignet:

- Torf, Sand, Lehm (zu trocken, lässt sich sehr schlecht nachfeuchten),
- handelsübliche Blumenerde, Graberde, Rindenhumus, Rindenmulch (möglicherweise stark gedüngt bzw. chemisch behandelt),
- Styroporkugeln, Verpackungschips, Holzschnitzel, Hydrokultur-Kugeln,
- Sägemehl, Katzenstreu, Holzhobel, Kleintierstreu (sehr unnatürliche Materialien, können ggf. durch die Tiere aufgenommen bzw. als Staub eingeatmet werden),
- Heu, Stroh (neigt vor allem während der Überwinterung zur Schimmelbildung).

Substrat JA GEEIGNET

Sehr gut geeignet:

- unbehandelte Erde aus dem eigenen Garten (kleine Steine, Wurzeln etc. schaden nicht),
- ungedüngte Blumenerde aus dem Handel (z. B. Anzuchterde, „Nullerde“), Laub,
- Sphagnum-Moos.

Seitdem ich Schildkröten halte, hat sich die Kombination aus Gartenerde und Laub sehr bewährt. Sollte keine oder nicht genügend eigene Gartenerde vorhanden sein, kann man alternativ ungedüngte Blumenerde aus dem Fachhandel dazumischen.

Sphagnum-Moos als Überwinterungssubstrat für Schlüpflinge und kleine Schildkröten

Erde aus dem eigenen Garten

Anzuchterde aus dem Gartenhandel

Floragard® Spezial-Substrat, Anzuchterde

Floragard® Spezial-Substrat, Anzuchterde. Wichtig ist der Aufdruck „Schildkrötensub." oder „Schildkrötensubstrat" auf der Längsseite der Verpackung. Nur diese Deklaration stellt sicher, dass kein zusätzlicher Dünger enthalten ist.

Gerade bei sehr lehmiger oder steiniger Erde lässt sich durch Mischen eine bessere Zusammensetzung (vgl. die zuvor genannten Kriterien) erhalten und so das Substrat aufwerten.
Im Handel gibt es dafür diverse Anzuchterden. Bitte achten Sie aber darauf, dass keine Fremdbestandteile (Füllstoffe wie Styropor, Düngerkugeln etc.) enthalten sind.

In meiner Schildkrötenhaltung wird das Substrat 2-mal jährlich erneuert. Im Herbst, also zu Beginn der Winterstarrevorbereitung, und im Frühjahr, direkt nach der Überwinterung.
Ich verwende Erde als Substrat und Buchenlaub, um die Schildkröten damit zu bedecken. Beides lässt sich sehr gut feucht halten und neigt normalerweise nicht zur Schimmelbildung.

Eichenlaub hat in meiner Schildkrötenhaltung bisher keine Verwendung gefunden. Einige Schildkrötenhalter berichten, dass die Gerbsäure des Eichenlaubs schädlich sein könnte.

Gleiches gilt auch bei Walnussblättern. Ich kenne jedoch keine (wissenschaftliche) Studie oder vergleichbare eindeutige Belege, die besagen, dass die Blätter von Eiche und Wallnussbaum schädlich sind. Andere Schildkrötenhalter überwintern ihre Tiere ausschließlich in Eichenlaub und sehen nur Vorteile darin.

Erde und Laub als Überwinterungssubstrat

Ich gehe allerdings den sicheren Weg und verwende ausschließlich Buchenblätter.

Laub von Apfel- oder Pflaumenbäumen ist offensichtlich nicht für die Überwinterung geeignet. Die Blätter sind gegenüber Feuchtigkeit sehr anfällig und werden schnell schlammig. Ein solches Substrat ist dann alles andere als locker und stellt keine optimale Überwinterungsbedingung dar.

Erde und Laub als Überwinterungssubstrat

Im Herbst sammele ich das Laub, welches zuerst getrocknet werden muss. Dies verhindert Schimmelbildung.

Eichenblätter geeignet?

Alternativ kann man auch das Laub an sehr trockenen Herbsttagen sammeln. Damit ich die Schutzhäuser der Schildkröten nicht erst im beginnenden Herbst mit Laub versorgen kann, habe ich in meinem Garten eine Hainbuchen-Hecke gepflanzt.

So kann ich durch Heckenschnitt etwa 2–3-mal pro Jahr das Laub für meine Schildkröten nutzen. Laub aus meinem eigenen Garten eignet sich ganz besonders, weil es sauber und vor allem schadstofffrei ist.

In unseren Breiten setzt der Laubfall normalerweise erst zwischen Ende Oktober und Anfang November ein. Dadurch steht für die Vorbereitung der Winterstarre noch kein Laub zur Verfügung. Durch den eigenen Heckenschnitt habe ich beinahe das ganze Jahr über geeignetes Laub für meine Tiere. Schildkröten werden das Laub allerdings nicht nur als Versteckmöglichkeit nutzen. Es ist auch eine sehr beliebte Nahrung und wird gerne gefressen!

Blätter der Hainbuchen-Hecke

Bei kleinen Tieren verwende ich stets „feines" Laub in Form von kleineren Blättern, die die Schildkröten direkt umgeben. Eine weitere Möglichkeit stellt das in der Terraristik bewährte Sphagnum-Moos dar. In dieses Substrat können sich vor allem Schlüpflinge und Jungtiere sehr gut eingraben und verstecken. Daher verwende ich dieses Moos nicht nur als Überwinterungssubstrat, sondern auch als Material für Versteckhöhlen etc. Es lässt sich ideal befeuchten und hilft somit ganzjährig, den Wasserhaushalt der Schildkröten im Gleichgewicht zu halten.

Bei meinen großen Tieren verwende ich entweder ausschließlich Laub oder eine Mischung aus Laub und Sphagnum-Moos. Eine Befeuchtung ist hier in beiden Fällen sehr gut möglich.

Feuchtigkeit

Bei unseren Europäischen Landschildkröten ist die Feuchtigkeitsregulierung – gerade während der Winterstarre – ein wichtiger Faktor zur Gesunderhaltung.
Sie sollten darauf achten, dass das Substrat weder austrocknet noch zu nass gehalten wird.
Die einzelnen Schildkrötenarten benötigen hier allerdings unterschiedliche Feuchtigkeitsgrade.

Wassersprüher

Während die Griechische Landschildkröte, die Maurische Landschildkröte und die Breitrandschildkröte stets leicht feucht überwintert werden sollten, benötigt die Steppenschildkröte ein eher trockenes Überwinterungssubstrat (vgl. FASS 2013).

Um zu überprüfen, ob das Laub die ideale Feuchtigkeit aufweist, fasse ich in das Substrat. Raschelt das Laub, muss bei den eher feucht zu überwinternden Schildkrötenarten Wasser eingebracht werden. Für Steppenschildkröten sollte das Substrat hingegen wie erwähnt eher trocken sein.
Beim Sphagnum-Moos wird der Feuchtegrad ebenfalls ertastet. Zum Befeuchten genügt bei beiden Substratarten ein Wassersprüher. Die oberen Laub- oder Moosschichten werden damit fein besprüht. Die Feuchtigkeit wandert dann langsam nach unten in die Erde bzw. zu den Tieren.
Ich befeuchte das Laub im Kühlschrank dann, wenn es etwas abgetrocknet ist, erfahrungsgemäß alle 1–2 Wochen. Im Frühbeet trocknet das Substrat nicht ganz so schnell aus. Dies ist aber auch von der Umgebung (Eigenschaften der Erde, Standort des Schutzhauses etc.) abhängig. Etwa 1-mal pro Monat befeuchte ich das Substrat im Winter mithilfe einer Gießkanne (mit feinem Brauseaufsatz) oder dem erwähnten Wassersprüher.

Bitte verwenden Sie zum Nachfeuchten des Überwinterungssubstrates stets kühles Wasser, welches die gleiche Temperatur aufweist wie die Überwinterungstemperatur. Die Temperatur des Trinkwassers in den Wasserrohren der eigenen Wohnung beträgt beispielsweise 15 °C.
Die Tiere würden durch dieses „warme" Wasser tatsächlich aufwachen, falls man das Überwinterungssubstrat damit einsprüht bzw. befeuchtet.

Bitte verwenden Sie zum Nachfeuchten des Substrats stets kaltes Wasser.

Neben der erwähnten optimalen Temperatur spielt auch diese Substratfeuchtigkeit eine wichtige Rolle. Tiere, die zu trocken überwintert werden, könnten mit der Zeit austrocknen. Ich finde es sehr interessant, dass Schildkröten diese benötigte Flüssigkeit auch über die Haut sowie über die Atmung aufnehmen können. Bitte beachten Sie bei der Substratfeuchte genau, welche Schildkrötenart Sie pflegen.

Behältnisse

Diejenigen Schildkröten, die im Frühbeet oder Gewächshaus überwintern, befinden sich im Schutzhaus bzw. in Mörtelwannen. Dort sitzen sie in der Erde und sind von Laub bzw. Sphagnum-Moos umgeben.

Blick in das Schutzhaus im Frühbeet

Die Tiere sind in der Erde vergraben und mit Laub bedeckt.

Die Tiere, die im Kühlschrank überwintert werden sollen, setze ich nach der Winterstarrevorbereitung in stabile Plastikkisten. Diese haben etwa die Maße 48 x 35 x 15 cm und passen damit genau auf die Zwischenböden des Kühlschranks.

Stabile Plastikkisten können für …

… die Überwinterung im Kühlschrank verwendet werden.

Große Tiere ab etwa 15 cm Panzerlänge sitzen einzeln in den Überwinterungskisten. Schildkröten unter dieser Größe verbringen die Wintermonate zu zweit oder zu dritt bzw. ihrer Größe und Art bzw. Unterart entsprechend darin.

Letzterer Hinweis bedeutet: Es sollen nur solche Arten bzw. Unterarten zusammen überwintert werden, die auch in ihrem natürlichen Habitat gemeinsam vorkommen.

Schlüpflinge oder Jungtiere finden zu mehreren in der Überwinterungskiste Platz.

Schlüpflinge und Jungtiere werden zu mehreren in der Kiste überwintert.

Für die Kühlschranküberwinterung befülle ich Plastikkisten mit dem in diesem Kapitel beschriebenen Substrat (lockere Erde). Die Erdschicht beträgt 5–10 cm. Dann werden die Schildkröten darauf gesetzt und mit Laub bzw. Sphagnum-Moos vorsichtig bedeckt.
Hier hat es sich übrigens als vorteilhaft erwiesen, die vorbereiteten Kisten einige Stunden ohne Schildkröten auf die Überwinterungstemperatur herabzukühlen (das Behältnis selbst hat so bereits eine ideale Überwinterungstemperatur). Erst dann setze ich die Tiere in die Kisten und in den Kühlschrank. Durch die einzelnen Zwischenböden im Kühlschrank benötige ich keinen Deckel. Ist kein Zwischenboden vorhanden, sollte man den Behälter mit einem Deckel locker verschließen, damit die Tiere sicher im Kühlschrank verstaut sind. Bitte achten Sie dort auf genügend Luftaustausch (einige Luftlöcher im Deckel mit 1 cm Durchmesser).

Durch die Zwischenböden wird kein zusätzlicher Deckel benötigt.

Behältnisse in der Garage, im Keller oder Schuppen sollte man zusätzlich vor Feinden (z. B. Nager, Waschbären, Haustiere) mit einem engmaschigen Draht schützen.

Gesundheitskontrolle

Zu den Kontrollen der Tiere während der Winterstarre gibt es unter Schildkrötenhaltern verschiedene Ansichten.
Während ich der Meinung bin, dass man die Tiere regelmäßig kurz untersuchen und wiegen sollte, gibt es Halter, die dieser Kontrolle keine Beachtung schenken. Manche glauben, dass die Tiere durch das Herausnehmen während der Winterstarre sehr gestört werden.

Gesundheitskontrolle während der Überwinterung

Kontrolle einer Maurischen Landschildkröte *(Testudo graeca ibera)* während der Winterstarre.

Natürlich entscheidet jeder Schildkrötenhalter eigenverantwortlich, ob er seine Tiere während der Winterstarre überprüfen möchte.
Ich finde, dass eine Kontrolle alle 4–6 Wochen wichtig ist und den Tieren nicht schadet. Ich habe viele Tiere gesehen, bei denen eine aufgrund fehlender Kontrolle unentdeckte Erkrankung während der Winterstarre zu schwerwiegenden Problemen geführt hätte (z. B. Blutvergiftung). Natürlich sollte man die Tiere vorsichtig und dennoch rasch untersuchen und wiegen. Auch sollte man diese Kontrollen nicht übertreiben: Mir ist ein Fall bekannt, in dem eine Schildkröte während der Winterstarre täglich aus der Überwinterungskiste genommen und gewogen wurde.

Grundsätzlich halte ich eine Kontrolle der Tiere nicht nur für vertretbar, sondern sogar für sehr wichtig. Folgende Faktoren sollten Sie bei der Überprüfung beachten:

Um die Tiere zu kontrollieren, werden sie vorsichtig aus der Erde gegraben.

Die Kontrolle sollte gründlich, aber rasch geschehen, damit unsere warmen Hände die Tiere nicht aufwärmen.

Die Schildkröten sollten fest „schlafen". Bei vorsichtiger Berührung der Beine erfolgt eine Reaktion (langsames Einziehen oder Bewegen). Die Tiere sollten entweder direkt im Laub oder in der Erde liegen. Leichte Positionsänderungen während der Winterstarre sind allerdings in Ordnung. Sitzt ein Tier jedoch auf dem Laub bzw. Moos, ist Vorsicht geboten. Es könnte eine Erkrankung vorliegen. Bei gesunden Tieren sind die Augen geschlossen. Eingefallene Augen deuten auf zu trockene Überwinterung hin. Haut und Panzer sind zu überprüfen. Dabei spielt auch der Bauchpanzer eine große Rolle. Rote Flecken (die nicht durch vorsichtiges Drücken verschwinden) oder rot gefärbte Bänderungen auf dem Bauchpanzer könnten eine Blutvergiftung als Ursache haben (vgl. Kap. „*Tierarzt-Check*"). Das Gewicht sollte überprüft und notiert werden. Bitte bedenken Sie, dass das Kontrollieren sehr rasch geschehen sollte. Denn unsere Handflächen wärmen die Schildkröten auf und lassen sie bei zu langem Kontakt aufwachen.

Doch was tun, wenn sich die Schildkröte mit Kopf und Beinen so tief in den Panzer zurückgezogen hat, dass eine Kontrolle überhaupt nicht möglich ist? Kein Schildkrötenfreund wird sein Tier umgehend zurück in die Überwinterungskiste legen, ohne die Gewissheit zu haben, dass alles in Ordnung ist. Hier kann es hilfreich sein, das Tier kurz außerhalb des Kühlschranks in eine kleine Kiste zu setzen. Nach nur 1–2 Minuten wird sich das Tier bewegen, da die wärmeren Temperaturen neben dem Kühlschrank für die Schildkröte bestimmte Aufwach-Reize bedeuten. Ich möchte aber unbedingt vermeiden, dass nun jede Schildkröte zu Kontrollzwecken regelmäßig aufgewärmt und erst dann überprüft wird! Das wäre nun wirklich keine optimale Überwinterung. Mein Hinweis sollte wirklich nur dann Anwendung finden, wenn sich der Schildkrötenhalter absolut nicht sicher ist, ob das Tier gesund ist. Nur in diesem Fall ist diese Maßnahme akzeptabel.
Ich erhalte regelmäßig in jedem Winter Anrufe oder E-Mails, in denen die genannte Situation beschreiben wird und der Halter sich verunsichert zeigt. Ich freue mich, mitteilen zu können, dass alle Schildkröten, von denen mir besorgt berichtet wurde, lebendig waren und die Winterstarre anschließend fortsetzen konnten.

Wiegen

Das Wiegen der Schildkröten während der Winterstarre dient vor allem dazu, auftretende Erkrankungen schnell zu erkennen. Schließlich kann man über das Gewicht sehr viele Rückschlüsse auf den Gesundheitszustand ziehen.
Als ich im Sommer 2005 mein erstes Landschildkröten-Buch *„Fester Panzer – weiches Herz“* geschrieben habe, wurde eine 10%ige Gewichtsabnahme für vertretbar gehalten, dies als Wert, den eine Schildkröte an Gewicht verlieren darf, ohne dass es zu Komplikationen kommt. In der 2. Auflage meines Buches (2008) habe ich dann allerdings nur noch von 5 % gesprochen. Ich habe gelernt, dass es bei einer optimalen Überwinterung im Prinzip keinen merklichen Gewichtsverlust gibt. Wenn die Tiere gesund sind, die Temperatur eingehalten und die Feuchtigkeit regelmäßig überprüft wird, nehmen die Tiere kaum an Gewicht ab. Es kann sogar vorkommen, dass Schildkröten manchmal

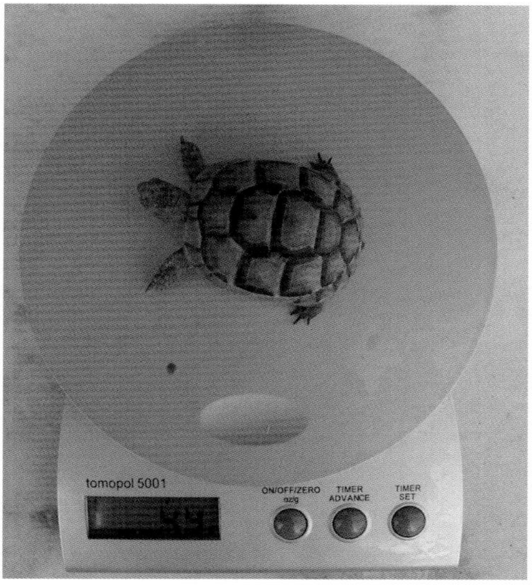

Wiegen einer Maurischen Landschildkröte *(Testudo graeca ibera)*

– durch die Feuchtigkeitsaufnahme über die Haut und die Atmung – an Gewicht zulegen!

Inzwischen sieht man den kritischen Punkt bei etwa 5 %. Dies bedeutet, dass eine Schildkröte während der Winterstarre maximal 5 % Gewicht, bezogen auf die Messung Anfang November, verlieren darf. Diesen Wert halten VINKE/VINKE (2004) für vertretbar und ich stimme dem zu. Sollten Sie feststellen, dass ein Tier in den ersten Wochen abnimmt, sind die Überwinterungsbedingungen zu überprüfen und ggf. zu ändern. Sollte dies keinen Erfolg zeigen, wäre das Beenden der Winterstarre ratsam. Ich kann Sie aber beruhigen: Dies ist bei mir in den letzten 8 Jahren nicht vorgekommen!
Bei kleinen Tieren (Jungtiere und Schlüpflinge) ist das genaue Ermitteln der Gewichtsabnahme während der Winterstarre sehr schwierig, da es aufgrund ihres ohnehin geringen Gewichts zu Ungenauigkeiten beim Wiegen kommen kann. Beispiel: Bei einem Schlüpfling mit einem Gewicht von 18 g würden 5 % Gewichtsverlust 0,9 g bedeuten. In der Realität ist dieser Wert sicherlich nicht messbar – sogar mit einer genauen Digital-Waage nicht.
Eine messbare Größe wären 2 g. Dies würde umgerechnet bereits eine Gewichtsabnahme von 10 % bedeuten. Diesen Toleranzwert müssen wir jedoch bei so kleinen Schildkröten akzeptieren.

Haben Sie schon einmal Ihre eigene digitale Waage geeicht? Sie können z. B. einen Stein als Eichmittel verwenden. Wenn Sie vor jedem Wiegen Ihrer Schildkröten dieses gleiche Gewicht auf die Waage legen, können Sie Messungenauigkeiten exakt erkennen. Wenn die Stellfläche bei den Wiegevorgängen wechselt oder der Batteriestand schwankt, kann es zu Messdifferenzen kommen.

Während der Zeit der Winterstarre gibt es zwar im Gehege kaum etwas zu tun. Die Tiere sollten jedoch regelmäßig überprüft werden.

Zur Beachtung:
Auch wenn sich unsere Schildkröten mehrere Monate in der Winterstarre befinden, muss sich der Halter in dieser Zeit dennoch um seine Tiere kümmern. Während der Winterstarre sollten die Tiere regelmäßig kontrolliert werden. Gleichzeitig achten Sie bitte auf Temperatur und Substratfeuchte. Extreme Verhältnisse wie zu warme (über 8 °C) oder zu kalte (unter 2 °C), zu trockene oder zu feuchte Überwinterungen sind zu vermeiden.
Während der Vorbereitungszeit, der Aufwach- und der Aktivitätsphase ist besonderes Augenmerk auf den Gesundheitszustand (z. B. Nase, Augen, Maul, Haut, Panzer, Harn, Harnsäure, Kot; vgl. Kap. „Gesund durch die Winterstarre") zu richten.

Unterschiede bei einzelnen Schildkrötenarten

Steppenschildkröten *(Testudo (Agrionemys) horsfieldii)* werden im Vergleich zu den übrigen Europäischen Landschildkröten in mehreren Punkten abweichend überwintert. Foto: Ude Fass

Die hier vorliegenden Empfehlungen und Ratschläge sind grundsätzlich auf alle Europäische Landschildkröten bezogen. Ich möchte dennoch erwähnen, dass die Steppenschildkröte in drei Punkten abweichend überwintert werden sollte.

Die Temperatur darf bei dieser Schildkrötenart geringfügig kälter sein als die empfohlenen 4–5 °C. Mit beispielsweise 3–4 °C könnte die Temperatur also leicht unterhalb der angegebenen Werte liegen.
Dies ist aufgrund des Verbreitungsgebietes der Steppenschildkröte gerechtfertigt. Frost darf dennoch nicht zu den Tieren gelangen, auch wenn das ursprüngliche Verbreitungsgebiet sicher mit europäisch „milden" Wintern nichts zu tun hat.

Trotz der sonst so wichtigen Substratfeuchte sollte das Laub bei diesen Tieren nicht regelmäßig nachgefeuchtet werden. Gerade Steppenschildkröten können bei verhältnismäßig geringer Feuchtigkeit sehr anfällig für Bakterien sein. Daher gehen manche Halter dazu über, ihre Tiere wie beschrieben sogar ohne Substrat zu überwintern.
Einige Schildkrötenhalter sind durch schlechte Erfahrungen, Sektionsberichte und Tierarztinfos recht sicher, dass die Steppenschildkröte grundsätzlich anfälliger für bakterielle Infektionen in der Winterstarre ist als beispielsweise die Griechische Landschildkröte. Vor allem Jungtiere sind empfindlich.
Unter Haltern der Steppenschildkröte gibt es hier jedoch unterschiedliche Vorgehensweisen. Manche verwenden bereits mit Beginn der Überwinterung extrem trockene Erde und Laub bzw. verzichten gänzlich auf das Substrat.
Andere wiederum feuchten das Laub während der Überwinterung lediglich nicht mehr nach.
Scheinbar nimmt man eine evtl. Gewichtsabnahme durch eher trockenes Substrat in Kauf, um die Tiere vor Problemen, wie z. B. bakterielle Infektionen, zu schützen.

Auch die Überwinterungsdauer ist bei der Steppenschildkröte verschieden. Die Tiere beginnen ihrer Winterstarre meist früher im Herbst, wohingegen die Griechische Landschildkröte noch bis ca. November aktiv ist.

In unterschiedlichen Habitaten der Breitrandschildkröte (*Testudo marginata)* treten während der Wintermonate auch sehr unterschiedliche Temperaturverhältnisse auf. Daher kann es durchaus vorkommen, dass Tiere in bestimmten Gebieten bei relativ warmen Temperaturen nur eine Art „Winterruhe“ einleiten. Hingegen halten andere Tiere der gleichen Art während dieser Zeit durchgehend eine Winterstarre.
Mir ist diese Tatsache durchaus bewusst, doch können wir diese Erkenntnis wohl kaum in unserer Haltung einfließend lassen. Daher muss der angesprochene Näherungswert als eine Art Kompromiss angenommen werden. Ich schlage daher vor, Breitrandschildkröten wie alle anderen Europäischen Landschildkröten dauerhaft zu überwintern.

Halter von Breitrandschildkröten *(Testudo marginata)* sollten auf das genaue Verbreitungsgebiet (hier: Sardinien) ihrer Tiere achten.

X

Mögliche Probleme vor, während und nach der Winterstarre

Zu frühes Eingraben sollte verhindert werden.

Leider kann es zu Komplikationen bei der Überwinterung kommen. Aber wenn man sich mit dem Thema „Winterstarre Europäischer Landschildkröten" intensiv auseinandergesetzt hat, kann und sollte man seine Pfleglinge mit ruhigem Gewissen überwintern.

Mögliche Probleme möchte ich Ihnen in diesem Buch dennoch nicht vorenthalten. Das soll zusätzlich helfen, Schwierigkeiten erst gar nicht entstehen zu lassen.

Zu frühes Eingraben

Gerade im Spätsommer bzw. im Herbst erhalte ich viele E-Mails oder Telefonanrufe mit Fragen zur Überwinterung. Oft haben sich die Tiere zu dieser Zeit bereits tief in ihrem Substrat im Frühbeet, Gewächshaus oder sogar im

Freigehege eingegraben. Den Tieren scheint es – trotz tagsüber angeschalteter Wärmelampe – zu kalt zu sein. Durch meine Frage nach der Temperatur unter dem Wärmestrahler konnte ich bisher immer sehr gut helfen: Oft war nämlich genau diese Temperatur, mit dort z. B. nur 25 °C, einfach zu kalt.
Durch ein Wissen um die Wichtigkeit des folgend genannten Temperaturwerts konnte das Problem gelöst werden: Die Temperatur unter der Wärmelampe durch Anpassung der Befestigungshöhe auf ca. 40–45 °C bringen und diese von ca. 9 bis 15 Uhr einschalten.
Zu frühes Eingraben kommt häufig auch dann vor, wenn den Tieren nicht genügend Wärme im August bzw. September zur Verfügung steht. Schuld daran sind meist Schlechtwetterperioden in Zusammenspiel mit fehlenden Wärmestrahlern. Ein weiterer Grund, warum sich Tiere trotz täglicher Wärmezufuhr zu früh vergraben, kann aber auch der Aufstellort des Frühbeets bzw. Gewächshauses sein. Durch einen ungünstigen Schattenwurf fällt im Spätsommer oder Herbst weniger Sonne auf Gehege und Frühbeet. Die Tiere merken dies sehr deutlich und beginnen die Vorbereitung zur Winterstarre unnatürlich früh.

Kratzgeräusche in der Überwinterungskiste

Wie gesagt: Wenn Schildkröten im Kühlschrank überwintern, ist wiederholte Kontrolle notwendig. So kommt es auch, dass sich der Halter häufiger in der Nähe des Kühlschranks aufhält. Plötzlich ist deutlich etwas wie Kratzen zu hören. Daran müssen nicht unbedingt zu warme Temperaturen schuld sein. Es ist auch möglich, dass die Temperatur zu niedrig ist! Das Tier möchte sich nun tiefer eingraben. Aufgrund der nicht sehr hohen Erdschicht stößt die Schildkröte dann schnell mit den Zehen an den Boden des Überwinterungsbehältnisses. Ist die Temperatur zu hoch, beendet die Schildkröte ihre Winterstarre und versucht, aus dem Überwinterungsbehältnis zu gelangen. Dabei stößt das Tier an den Deckel des Behältnisses.
Wegen der Verletzungsgefahr rate ich dazu, keinen gefährlichen Untergrund, wie z. B. Drahtgitter, im Schutzhaus zu verlegen.
So lässt sich das Problem lösen: Ideale Überwinterungstemperatur einhalten und ständig überprüfen.

Aufenthalt der Tiere in der Wohnung

Ich sehe es inzwischen als selbstverständlich an, dass man Europäische Landschildkröten in einem Freigehege mit Frühbeet oder Gewächshaus inkl. entsprechender Technik (Wärmelampen und Heizmöglichkeiten) hält. Bitte nehmen Sie Abstand davon, Tiere vor oder nach der Winterstarre in das Haus zu holen und z. B. in ein Terrarium zu überführen. Schließlich haben Sie ja für die naturnahe Haltung Ihrer Schildkröten ein geeignetes Gehege gebaut. Tieren, die im Herbst in die Wohnung gebracht werden, erschwert man ungewollt die Vorbereitungszeit auf die Winterstarre.

Schildkröten, die nach der Überwinterung auch nur für wenige Wochen im Haus gehalten werden und die bei etwas schönerem Wetter wieder in den Garten kommen, zeigen dann bei Schlechtwetterperioden oft Anzeichen einer Vorbereitung der Winterstarre.

Deswegen empfehle ich, die Tiere dauerhaft draußen im Freigehege zu halten.

Unruhige Schildkröte

Es kann vorkommen, dass ein Tier während der Überwinterung oben auf dem Laub sitzt; es hat sich also aus dem Substrat gegraben und ist aktiv.

Bitte überprüfen Sie nun das Tier. Sind die Augen geschlossen, macht die Schildkröte einen gesunden Eindruck, liegt das Gewicht innerhalb der Toleranz und sind Temperatur und Substratfeuchte in Ordnung? Dann setzen Sie die Schildkröte wieder auf die Erde und bedecken Sie sie mit Laub bzw. Sphagnum-Moos.

Unruhige Schildkröten im Kühlschrank

Nachgestelltes Foto: geöffnete Augen (= wache Tiere) im Überwinterungs-Ort sind ein Alarmzeichen!

Nachgestelltes Foto: Unruhige Tiere dürfen nicht aus dem Überwinterungsbehältnis herausfallen können.

Dabei empfiehlt es sich, solche Tiere einzeln in Kisten zu überwintern, damit andere Schildkröten nicht durch die Unruhe gestört werden.

Sollte das Tier nun dennoch nicht mehr zu Ruhe kommen oder nach 2 Tagen wieder auf dem Überwinterungssubstrat sitzen, sollte man die Winterstarre vorzeitig beenden. Möglicherweise liegt ein Problem vor.

Kontaktieren Sie bitte unbedingt und sofort einen Fachtierarzt. Offene Augen (wache Tiere) sollten ein Alarmzeichen für jeden Schildkrötenhalter sein!

Wie gesagt: Leichte Positionsänderungen während der Winterstarre sind hingegen unbedenklich. Eine etwaige Unruhe während der Winterstarre kann bei weiblichen Tieren durch nicht gelegte Eier verursacht sein.
Daher ist es immer sehr wichtig, seine Tiere – auch im Frühjahr und Sommer – genau zu beobachten. Der interessierte Halter kennt Gewohnheiten seiner Tiere sowie Anzahl der Gelege und Eier meist sehr genau.

Mein Tipp: regelmäßige Temperaturkontrollen und Überprüfungen während der Überwinterung. So lassen sich Probleme schnell erkennen und Krankheiten in der Regel vermeiden.

Gewichtsverlust

Sollten die Tiere zu stark an Gewicht verlieren, sind sie auszuwintern. Es sollte jedoch versucht werden, den exakten Grund für die Gewichtsveränderung herauszufinden. Schließlich möchte man Fehler nicht wiederholen bzw. ein erneutes Abbrechen der Winterstarre im nächsten Jahr vermeiden. Wie im vorherigen Kapitel beschrieben, sollte die Gewichtsabnahme nicht mehr als 5 % betragen.
Wie gesagt: Es kann allerdings gerade bei Jungtieren auch vorkommen, dass Schildkröten während der Winterstarre sogar an Gewicht zunehmen. Dies stellt keinen Grund zur Besorgnis dar. Aufgrund der Substratfeuchte können die Tiere Wasser über die Haut und sogar über die Atemwege aufnehmen.

Blutvergiftung

Ein kritischer Zustand während der Überwinterung sind rot gefärbte Stellen oder Bänderungen am Bauchpanzer. Daher sollte man die Schildkröten bei den Kontrollen vorsichtig anheben und auch dem Bauchpanzer Aufmerksamkeit schenken.
Sind darauf rote Stellen sichtbar, sollte man zunächst versuchen, diese durch vorsichtiges Drücken wegzubringen.
Gerade während der Winterstarre können sich durch die kühlen Temperaturen Blutpartikel im Bauchpanzer ablagern. Dies ist beim Menschen mit einem Bluterguss vergleichbar. Solche roten Stellen sind noch nicht gefährlich.

Sollten jedoch starke Einfärbungen sichtbar sein, die nicht durch leichtes Drücken zu beheben sind, ist große Vorsicht geboten. Es könnte sich hierbei um eine Blutvergiftung handeln. Sofortige Kontaktaufnahme mit einem Fachtierarzt ist nun unumgänglich.
Damit aber nicht jede Schildkröte, die eine leichte Verfärbung aufweist, unter Panik zu einem auf Schildkröten spezialisieren Tierarzt gebracht wird, habe ich ein Foto zu einer solch kritischen Situation beigefügt. Weitere Informationen erhalten Sie im Kapitel „*Tierarzt-Check*" von Tierarzt Frank Mittenzwei.

Die leicht rötliche Färbung stellt keine Gefahr dar. Es handelt sich nicht um eine Blutvergiftung (Sepsis).

Bei dieser starken Blutvergiftung besteht Lebensgefahr. Unbedingt den Fachtierarzt kontaktieren! Foto: Ude Fass

Schimmelbildung

Liegen die Tiere während der langen Winterzeit in zu feuchtem oder nassem Substrat, kann Schimmel (häufig auf dem Laub und sogar auf der Erde) entstehen. Ich rate dazu, Laub im Herbst vorab zu trocknen. Sollten Schimmelbefall oder andere Probleme wie Parasiten (Fliegen o. Ä.) auftreten, ist das Substrat umgehend komplett zu wechseln. Mir wurde auch berichtet, dass sich der Schimmelbefall sogar auf die Schildkröte übertragen kann. Ggf. ist der Schimmel noch mit einem feuchten Tuch vorsichtig zu entfernen. Sollten aber die Beine, der Kopf oder Schwanz betroffen sein, sollte man ein Beenden der Winterstarre in Erwägung ziehen. Dies ist je nach Befall und nach Rücksprache mit einem Fachtierarzt zu entscheiden. Grundsätzlich gilt: sorgfältiges Überprüfen des Substrates vor und während der Winterstarre.
Vor allem die Steppenschildkröte hat ein stark erhöhtes Risiko. Daher überwintern manche Halter nur diese Schildkrötenart in Überwinterungskisten komplett ohne Substrat.

Gefahr durch Nagetiere

Schildkröten, die ungeschützt überwintern (z. B. Freigehege, Garage), können durch Nagetiere, Waschbären, Haustiere u. Ä. geschädigt werden. Damit es also nicht zu Bissverletzungen etc. kommt, sind die Überwinterungsbehältnisse gut zu schützen. Hier eignet sich engmaschiger Draht sehr gut.

Extreme Temperaturen

Im vorherigen Kapitel haben Sie gelesen, dass die Temperatur einen sehr wichtigen Aspekt für eine artgerechte Überwinterung darstellt. Extreme Verhältnisse (zu warm oder zu kalt) sind zu vermeiden. Dennoch kommt es öfters vor, dass Schildkröten relativ unkontrolliert überwintern. Die eine oder andere Schildkröte ist leider aufgrund der Unachtsamkeit manch eines Halters schon an der Kühlschrankrückwand erfroren. Aber auch vom Schutzhaus im Freigehege sind mir Fälle bekannt, in denen Tiere durch Frost gestorben sind. Schuld waren entweder sehr plötzlich eintretende Frostperioden oder mangelnde technische Vorbereitung, z. B. fehlende Durchführung eines Testlaufes. Daher sollten Sie andere Überwinterungsmöglichkeiten als die bisher gewählten erst einen kompletten Winter lang testen, bevor Tiere dieser neuen Situation ausgesetzt werden. Dies betrifft z. B. die Überwinterung im Frühbeet bzw. Gewächshaus. Bei der Überwinterung im Kühlschrank hingegen genügen nur wenige Wochen Testlauf, vorausgesetzt die Umgebungstemperatur (Aufstellort) ändert sich nicht. Im Blut von Schildkröten gibt es zwar einen besonderen Stoff (Glycogen), der als sogenannter Kälteschutz dient (vgl. LAWRENCE 1987). Man sollte die Temperaturtoleranz der Schildkröten jedoch nie ausreizen bzw. seine Tiere nie bei zu kalten Temperaturen überwintern, denn Frost kann die Körperzellen der Schildkröten dauerhaft schädigen.

Vorzeitige Auswinterung

Wenn ein Tier während der Winterstarre erkrankt (Nasenausfluss, eingefallene Augen, zu starke Gewichtsabnahme) ist es notwendig, das Tier vorzeitig auszuwintern, da das Immunsystem und verlangsamte Stoffwechselvorgänge die Krankheitsanfälligkeit deutlich erhöhen. Das allmähliche Ansteigen der Temperatur ist bei der vorzeitigen Auswinterung – wie bei der Vorbereitung der Winterstarre – sehr wichtig. Schließlich muss das Tier von ca. 5 °C auf später über 30 °C erwärmt werden. Erkundigen Sie sich spätestens jetzt nach einem Fachtierarzt. Fragen Sie ihn vorab, ob das Tier bereits aufgeweckt und unter eine Wärmelampe gesetzt oder ob es im inaktiven Zustand in die Praxis gebracht werden soll. Während dieser Aufwachphase halten Sie das Substrat stets feucht, da das Tier nur darüber Flüssigkeit aufnehmen kann. Ab dem 3. Tag sollte eine Trink- bzw. Bademöglichkeit vorhanden sein und Futter angeboten werden.

Übersicht zur frühzeitigen Auswinterung

1. Tag:	Bis 10 °C, z. B. Kühlschrank ausschalten oder Behälter mit dem Tier in einen kalten Raum überführen.
2. Tag:	15 °C, z. B. Behälter in einen unbeheizten Raum stellen.
3. Tag:	Tagsüber bis 20 °C, z. B. großes Zimmerterrarium, Wärmelampen von 9 bis 15 Uhr anschalten, Temperatur unter der Wärmelampe 35-40 °C, Trink-/Bademöglichkeiten und Futter anbieten.

Damit das Tier seine Stoffwechselaktivität aufnehmen kann, sind die Wärmelampen ab dem 3. Tag von 9 bis 15 Uhr anzuschalten. Im Freiland ist die Pflege von kranken Tieren zur Winterzeit nur sehr schlecht möglich. Nur in diesem speziellen Fall rate ich zum Zimmerterrarium – aber eben nur während der Krankheitspflege. In der Wohnung ist die Möglichkeit zur kontinuierlichen Beobachtung des Tieres, Medikamentengabe etc. besser gegeben als im Freigehege. Eine große Holzkiste (ca. 2 m Länge, 1,5 m Breite, entsprechende Höhe), die man in einem kühlen und trotzdem hellen Zimmer aufstellt, ist hierzu gut geeignet. So steht dem Tier viel mehr Platz zur Verfügung als in einem kleinen Glasterrarium. Ist das Tier wieder gesund, darf man es Ende März oder Anfang April in das mit Wärmelampen und Heizmöglichkeit ausgestattete Frühbeet oder Gewächshaus überführen. Dort kann das Tier dann tagsüber selbständig im Gehege nach Futter suchen.

Provisorisch eingerichtetes kleines Terrarium, aufgrund frühzeitiger Auswinterung

Nur in Ausnahmefällen, z. B. bei Krankheit, starkem Wurmbefall, schweren Verletzungen, Unruhe des Tieres während der Überwinterung, ist ein Aussetzen oder frühzeitiges Beenden der Winterstarre notwendig und gerechtfertigt.

Tod während der Winterstarre

Dieser traurige Aspekt sollte in meinem Ratgeber-Buch nicht unerwähnt bleiben. Todesfälle während der Winterstarre treten bei unkontrollierter Überwinterung häufiger auf, aber auch bei kranken Tieren, deren Erkrankung nicht erkannt wurde. Beachten Sie bitte, dass bei jeglichen Auffälligkeiten höchste Vorsicht geboten ist. Auch kleine Unregelmäßigkeiten sollten immer sehr genau beobachtet werden. Im Zweifel suchen Sie bitte den Rat eines Fachmanns. Besser einmal zu oft zum Fachtierarzt, als ein Problem zu übersehen.
Ein Tier, welches bei idealen Überwinterungsbedingungen dennoch Aktivität zeigt, muss sofort die Wachsamkeit des Halters wecken, denn die Schildkröte hat sonst keine Möglichkeit, auf sich aufmerksam zu machen.
Das Unbehagen, das viele Schildkrötenhalter angesichts der Notwendigkeit einer Überwinterung ihrer Tiere befällt, geht meiner Ansicht nach auf die erwähnten starken Importe in den 1950er Jahren zurück. Damals gab es kaum ausreichende Kenntnis zur Haltung dieser besonderen Wildtiere. Daher überwinterte man sie aus heutiger Sicht mit sehr wenig Sorgfalt. In vielen Gesprächen mit (ehemaligen) Schildkrötenhaltern hat sich herausgestellt, dass

Diese eher subtropische Unterart der Maurischen Landschildkröte *(Testudo graeca nabeulensis* bzw. *Testudo graeca graeca)* hat die lange Winterstarre im Freigehege leider nicht überstanden. Dieser leere Panzer ist der Grund für die vollständigen Unterartbezeichnungen in diesem Buch und soll zeigen, was eine solche Verwechslung der Unterart anrichten kann.

einer auch nur einigermaßen artgerechten Überwinterung kaum Beachtung geschenkt wurde. Die Tiere mussten häufig mit einem Schuhkarton im Haus (z. B. im „kühlen“ Schlafzimmer) vorliebnehmen oder wurden unter anderen ähnlich schlechten Bedingungen durch den Winter gebracht. Viele Tiere trockneten während dieser Zeit aus. Oft blieb im Frühjahr dann nur noch ein leerer Panzer übrig.
Durch eine auch im Sommer schlechte Haltung und eine falsche Überwinterung wurden diese Importtiere nicht besonders alt. Überlegen Sie einmal: Welche dieser Schildkröten leben heute noch? Es sind nicht sehr viele.

Ich kann Ihnen aber versichern: Tiere, die im Sommer naturnah gehalten, im Herbst langsam auf die bevorstehende Winterstarre vorbereitet werden und die Wintermonate bei bestmöglichen und kontrollierten Bedingungen verbringen, überstehen diese Ruhephase ohne Probleme. Schließlich gibt dies die Natur seit Jahrmillionen vor.

Wenn meine Ratschläge zu einer optimal durchgeführten Winterstarre umgesetzt werden, besteht überhaupt keine Gefahr für die Tiere. Alle werden die Überwinterung gesund überstehen.

XI

Ende der Winterstarre

Frühjahrs-Impressionen im Freigehege

Nach der erfolgreichen Überwinterung der Tiere beginnt nun die Aktivitätsphase. Schildkröten, die im Schutzhaus des Frühbeets oder Gewächshauses überwintert wurden, registrieren die langsam steigenden Temperaturen.

Etwa Mitte bis Ende März gibt es bei uns in Hessen die ersten schönen warmen Frühlingstage. Das ist übrigens auch die Temperatur, bei der die Wettervorhersage üblicherweise lautet: „Es bleibt warm."
Bitte lassen Sie sich jedoch nicht durch kurze Schönwettertage verleiten, die Tiere auszuwintern. Der März wird auch als „Zwischenmonat" bezeichnet.

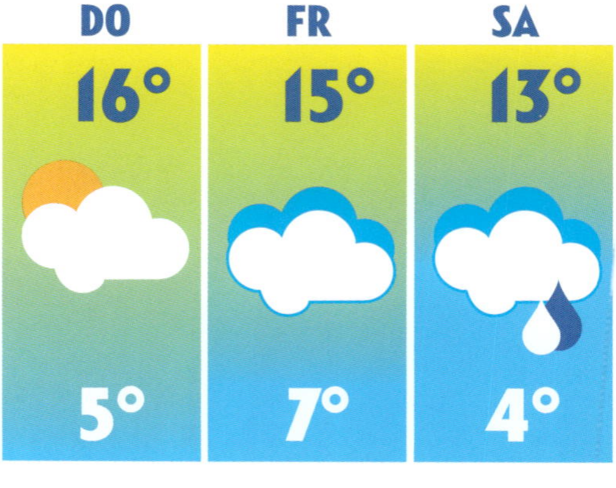

Es ist schon vorgenommen, dass Anfang März die Temperaturen auf bis zu 15 °C angestiegen sind. Wenige Tage später gab es dann Nachttemperaturen von -15 °C und 15 cm Neuschnee!

Wird erkennbar, dass die Temperaturen absehbar für mehrere Tage die 18-°C-Marke überschreiten, entferne ich die Schattierungen auf den Plexiglasplatten der Frühbeete oder Gewächshäuser. Die ersten Sonnenstrahlen kommen so direkt in den Innenraum. Er erwärmt sich langsam, und meine Schildkröten beenden ihre etwa 4-monatige Winterstarre selbständig. Durch regionale Temperaturunterschiede kann der Zeitpunkt der Auswinterung jedoch variieren. Diese Angaben beziehen sich auf die Region Mittelhessen.

Bei den zuvor genannten milden Temperaturen setze ich auch diejenigen Schildkröten, die im Kühlschrank überwintert haben, in die Erde der Schutzhäuser und bedecke die Tiere mit Laub oder Sphagnum-Moos.

Beenden der Winterstarre im Frühbeet. Die Tiere graben sich langsam aus der Erde. Maurische Landschildkröten *(Testudo graeca ibera)*

Maurische Landschildkröte *(Testudo graeca ibera)* auf dem Weg vom Schutzhaus in den Innenraum des Gewächshauses

In der Dämmerung werden die Tiere aus dem Kühlschrank in das Frühbeet (bzw. Gewächshaus) überführt.

Der Boden um die Tiere im Schutzhaus erwärmt sich nur langsam.

Die Steppenschildkröten *(Testudo (Agrionemys) horsfieldii)* hat ihre Winterstarre beendet.

Das Umsetzen der Schildkröten aus dem kühlschrank erledige ich meist bei Sonnenuntergang, damit die Tiere noch einmal über Nacht kalt im Substrat liegen und so die Temperaturänderung für die Schildkröten nicht zu stark ist. An den folgenden Tagen merken sie, dass Wärme und Licht zunehmen. Dadurch kommen die Tiere meist nach wenigen Tagen aus dem Schutzhaus hervor und genießen tagsüber die ersten Stunden im Frühbeet bzw. Gewächshaus oder Freigehege. Auch ihre Überwinterung ist nun beendet. Das Beenden der Winterstarre im Frühbeet bzw. Gewächshaus dauert erfahrungsgemäß etwas länger als bei Tieren, die zuvor im Kühlschrank überwintert wurden.

Maurische Landschildkröte *(Testudo graeca ibera)* nach der Winterstarre

Auch diese Griechische Landschildkröte *(Testudo hermanni boettgeri)* hat ihre Winterstarre beendet.

Schließlich erwärmt sich der Boden um die im Schutzhaus befindlichen Tiere nur langsam. Meine Schildkröten kommen nicht alle zum gleichen Zeitpunkt aus der Winterstarre. Der Abstand zwischen dem ersten und letzten Tier kann durchaus 14 Tage betragen. Ich habe beobachtet, dass meine männlichen Tiere die Winterstarre in der Regel eher beenden als die Weibchen.

Im natürlichen Vorkommensgebiet ist dieser Geschlechtsunterschied ebenso erkennbar (vgl. Gerald Kuchling 1999).

Nach der Überwinterung stehen den Tieren von Anfang an tagsüber Wärmelampen zur Verfügung.

Die Wärmelampen werden von 9 bis 15 Uhr angeschaltet, und zwar sobald das erste der Tiere aus dem Laub hervorkommt. Sofort kontrolliere ich Nase, Augen, Kloake, Haut und Panzer. Die aufgewachten Tiere werden gewogen.

Nach erfolgreicher Überwinterung werden die Tiere kurz überprüft.

Ein anschließendes Baden der Schildkröten sorgt für genügend Wasseraufnahme.

Damit sie ihren Flüssigkeitsbedarf wieder auffüllen können, werden sie nach einigen Tagen das erste Mal in lauwarmem Wasser gebadet, am besten mittags, wenn die Temperatur im Gehege nicht zu kalt ist. Anschließend setze ich die Tiere wieder ins Frühbeet bzw. Gewächshaus. Spätestens nach 1 Woche verlassen die Schildkröten tagsüber das Frühbeet oder Gewächshaus und beginnen, im Gehege zu fressen.

Diese Jungtiere haben ihre erste Überwinterung erfolgreich beendet.

Nach der Winterstarre stehen in den Gehegen bereits viele Futterpflanzen zur Verfügung.

Die ersten Futterpflanzen (Löwenzahn, Klee, Luzerne, Vogelmiere, Malve) warten bereits. Damit sich die Tiere eigenständig ernähren können, halte ich es für sehr wichtig, dass die Schildkröten sofort nach der Winterstarre tagsüber jederzeit die Möglichkeit haben, vom Frühbeet oder Gewächshaus aus in das Gehege zu gelangen.

Neben Löwenzahn, Knoblauchrauke und Vogelmiere ist auch der Breitwegerich (siehe Foto) bereits nach der Winterstarre eine beliebte Futterquelle.

Auch das Vorhandensein von Wasserschalen, in denen die Tiere eigenständig baden können, ist sehr wichtig. Ich überprüfe abends, ob sich alle Tiere in den Schutzhäusern befinden.

Manche Tiere finden für die Nacht nicht den Weg ins Schutzhaus zurück, sondern bleiben im Freigehege, weil aufgrund wieder kälterer Außentemperaturen ihre Aktivitätsmöglichkeiten eingeschränkt sind. Diese Tiere setze ich abends vom Gehege zurück in die Schutzhäuser und schließe die Türen der Frühbeete bzw. Gewächshäuser.

Auch die Temperatur nach der Winterstarre ist sehr wichtig und sollte überprüft werden.

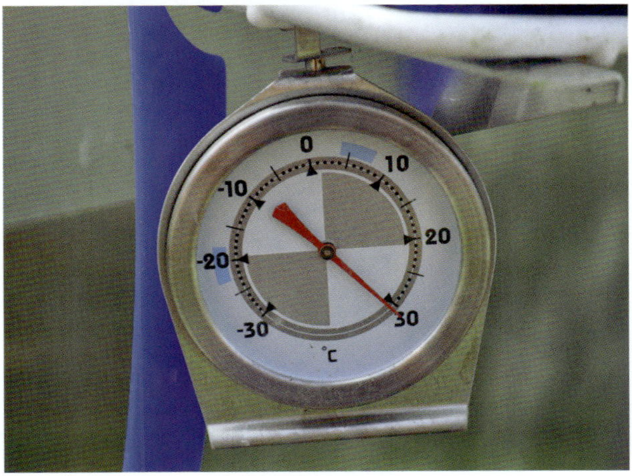

Fensterheber in den Frühbeeten bzw. Gewächshäusern müssen sofort nach der Winterstarre der Schildkröten eingebaut bzw. überprüft werden, damit es zu keiner Überhitzung kommt.

Die Nachttemperatur sollte unmittelbar nach dem Aufwachen dann nicht mehr unter 12 °C liegen. Im April und Mai erhöhe ich nachts diese Temperatur langsam auf 15 °C. Dazu dienen Heizmatten, die über ein Thermostat geregelt werden. Tagsüber schalten sich die Heizmatten automatisch aus, da die Wärmelampen bzw. die Sonnenstrahlen das Frühbeet bzw. das Gewächshaus rasch bis zu ca. 25 °C aufwärmen. Zu starkes Überhitzen (30 °C oder mehr) wird durch automatische Fensteröffner verhindert, die bereits unmittelbar nach der Winterstarre installiert sein sollten und auf Funktionalität hin überprüft werden müssen!

Eine selbstständige Nahrungsaufnahme im Freigehege sollte favorisiert werden.

Füttert der Halter seine Tiere, wird häufig zu viel bzw. unnatürlich viel gefressen.

Beenden der Winterstarre

Diese Maurische Landschildkröte *(Testudo graeca ibera)* wärmt sich vor der Steinmauer auf.

Tag 1 nach der Überwinterung!

Die Winterstarre ist vorbei!

Um genügend und vielfältige Futterpflanzen anbieten zu können, ist eine Vorsaat (z. B. im März/April) nötig.

Wildkräuter benötigen im zeitigen Frühjahr eine Grundtemperatur, um wachsen zu können.

Vor Kälte geschützte Pflanzen, z. B. durch ein Frühbeet, beginnen das Wachstum früher.

XII

Irrtümer bei der Überwinterung

Paarung der Maurischen Landschildkröte *(Testudo graeca ibera)* im Freigehege

Schlüpfling der Maurischen Landschildkröte *(Testudo graeca ibera)*

Es gibt einige Denkmuster in der Schildkrötenhaltung, die sich sehr hartnäckig halten. Ich möchte hier am Beispiel einiger ausgewählter „Fälle“ ein klein wenig Abhilfe schaffen und Informationen geben, die zur Aufklärung beitragen.

„Ich möchte keine Schildkröten-Babys züchten. Also müssen meine Tiere nicht schlafen.“

Es ist richtig, dass Überwinterung für die Fortpflanzungsfähigkeit sehr wichtig ist. Dies sollte aber nicht bedeuten, dass man Tiere nicht überwintert, wenn man keine Nachzuchten erhalten möchte. Im Sinne einer naturnahen Haltung müssen alle gesunden Europäischen Landschildkröten während der Wintermonate eine Winterstarre halten.

„Ich entscheide, zu welchem Zeitpunkt meine Tiere die Winterstarre beginnen."

Nicht der Schildkrötenhalter gibt den Termin vor, an dem seine Tiere die Winterstarre einleiten, sondern die Schildkröte selbst! Es sind vor allem die Änderung der Tageslichtdauer und langsam sinkende (Nacht-)Temperaturen, die der Schildkröte deutliche Signale für die Winterstarrevorbereitung geben. Eine Überwinterung ist auch im Zusammenhang mit dem Hormonhaushalt der Tiere von großer Bedeutung (vgl. KUCHLING 1981).

Leider erlebe ich es jedes Jahr, dass Schildkrötenhalter versuchen, ihre Tiere in einer Art Hauruckverfahren in die Winterstarre zu bringen. Plötzlich wird von einem auf den anderen Tag die Beleuchtung komplett ausgeschaltet und kein Futter mehr angeboten. Mit dieser sehr rauen Vorbereitungsphase kommt keine Schildkröte gut zurecht. Die Einleitung der Winterstarre wird dadurch enorm gestört.

Meist sind derartig lieblos behandelte Tiere dann auch diejenigen, die Probleme während oder nach der Überwinterung haben, da sie sich nicht optimal vorbereiten konnten. Vielmehr sollte man innerhalb mehrerer Wochen die Beleuchtungsdauer und die Umgebungstemperatur verringern, sodass die Tiere von selbst die Notwendigkeit zur Vorbereitung auf die Winterstarre spüren. Die bessere Alternative: Man lässt die Tiere im Freigehege leben. Dies ist die beste Möglichkeit einer Winterstarrevorbereitung in menschlicher Obhut.

„Schildkröten müssen nicht schlafen. Man kann sie auch dauerhaft wach halten."

Natürlich „kann" der Halter seine Tiere dazu bringen, die Winterstarre auszusetzen und zu überbrücken. Aber zu welchem Zweck? Welche Folgen das Fehlen einer Winterstarre haben kann, wurde im Kapitel *Warum ist die Überwinterung so wichtig?* erläutert.

Bitte lassen Sie gesunde Tiere – auch bereits Schlüpflinge und Jungtiere – überwintern.

Schlüpflinge der Griechischen Landschildkröten *(Testudo hermanni boettgeri)* im kleinen Frühbeet

„Schlüpflinge und Jungtiere dürfen noch nicht überwintern. Sie sind zu klein und sehr anfällig gegenüber Erkrankungen."

Schauen wir einfach nur in die Natur: In ihrem Habitat bleibt Schlüpflingen und Jungtieren keine andere Wahl, als während des Winters in eine Starre zu fallen. Ich habe die starke Befürchtung, dass wach gehaltene Tiere eher erkranken, da ihr Immunsystem ohne Winterstarre in Mitleidenschaft gezogen wird. Unabhängig von Panzergröße und Alter müssen diese Tiere überwintert werden (vorausgesetzt, die Schildkröten sind gesund).

Eine unkontrollierte Überwinterung im Freigehege birgt Gefahren.

„Meine Schildkröte vergräbt sich im Herbst schon seit 20 Jahren im Garten. So falsch kann eine unkontrollierte Überwinterung nicht sein."
Im natürlichen Verbreitungsgebiet leben die Tiere zwar sich selbst überlassen, allerdings sind die Winter dort nicht ganz so kalt und die Temperatur bleibt verhältnismäßig konstant. Nur die wenigsten Tiere überleben in menschlicher Obhut eine unkontrollierte Winterstarre im Garten ohne Schutzhaus etc. Ich bitte Sie: Beachten Sie meine Ausführungen dazu.

Jungtier der Maurischen Landschildkröte *(Testudo graeca ibera)* bei der Nahrungsaufnahme

„Schildkröten müssen im Herbst viel fressen, um gut über den Winter zu kommen."
Bei Europäischen Landschildkröten ist das nicht der Fall. Igel müssen sich eine Fettschicht anfressen, um sich ein gewisses Polster für die lange Überwinterung anzulegen. Es ist eine Selbstverständlichkeit: Was für die eine Tierart gut ist, muss nicht auch für eine andere gut sein.

„Ich bade meine Schildkröte regelmäßig vor der Winterstarre in Salzwasser, damit das Tier genügend Nährstoffe für die Überwinterung aufnehmen kann."
Weder ein zu häufiges Baden noch der Zusatz von Salz oder anderen Stoffen ist zu empfehlen. Vielmehr sollte man den Tieren stets genügend Bade- und

Das 1- oder 2-malige Baden vor der Winterstarre dient der Flüssigkeitszufuhr bzw. Abgabe von Kot zur tierärztlichen Untersuchung.

Trinkmöglichkeiten anbieten, damit sie eigenständig Wasser aufnehmen. Das 1- oder 2-malige Baden vor der Winterstarre dient dazu, die Tiere mit genügend Flüssigkeit zu versorgen. Außerdem geben Schildkröten während des Badens häufig Kot ab, der dann durch einen Fachtierarzt untersucht werden kann.

Auch das Baden von Tieren, die sich zuvor bereits tief in die Erde eingegraben haben, sollte nicht durchgeführt werden. Diese Tiere befinden sich möglicherweise bereits in der Winterstarre und würden dadurch gestört werden.

„Meine Schildkröte schläft nur 2 Monate. Länger ist es mir zu gefährlich."

Gesunde Schildkröten sollten von ca. November bis März eine Winterstarre halten. Die Tiere überstehen diese lange Winterzeit nicht nur, sie benötigen sie sogar!

„Ich entwurme grundsätzlich meine Schildkröte vor der Winterstarre."

Die Behandlung von zu vielen Würmern oder Wurmeiern ist nur nach einer Kotuntersuchung beim Fachtierarzt durchzuführen. Nach derzeitigem Wissensstand ist auf eine nur vorbeugende Entwurmung zu verzichten.

Bitte kontaktieren Sie daher z. B. Anfang August einen auf Schildkröten spezialisierten Tierarzt. Nur bei einem Anzeichen auf (zu viele) Parasiten ist eine Medikamentengabe berechtigt (vgl. Kap. *„Tierarzt-Check“*).

„Meine Schildkröte hat noch nie überwintert. Sie lernt das nicht mehr.“

Es gehört zu den im Laufe der Evolution erworbenen physiologischen Fähigkeiten und damit zum natürlichen Verhalten einer jeden Europäischen Landschildkröte, sich im Herbst auf die bevorstehende Winterstarre einzustellen. Auch Tiere, die eine Überwinterung über Jahre hinweg noch nie durchführen durften, können und sollten eine Winterstarre halten. In dieser Ausnahmesituation sollte jedoch vorab der Rat eines Fachtierarztes eingeholt werden, damit eine gründliche Untersuchung durchgeführt werden kann. Schließlich könnte der Gesundheitszustand der Schildkröte durch die bisher fehlende Winterstarre kritisch sein.

Jungtier der Griechischen Landschildkröte (*Testudo hermanni boettgeri*). Durch eine naturnahe Haltung (inkl. Überwinterung!) ist das Tier langsam gewachsen und der Panzer sehr glatt.

XIII

„Tierarzt-Check“: Informationen von Tierarzt Frank Mittenzwei

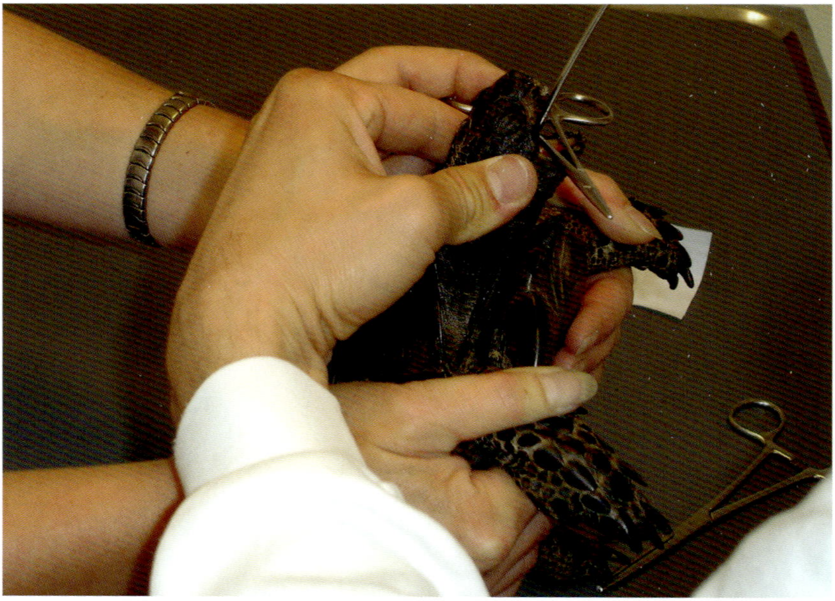

Sondeneingabe in der tierärztlichen Praxis, Foto: Dr. Steffen Böttcher.

Zugegeben: Für uns Säugetiere hört es sich sehr merkwürdig an, monatelang zu „schlafen" – aber genau das tun viele Reptilienarten in bestimmten Klimazonen der Erde. Dort herrschen nämlich Bedingungen, die für sie zeitweise weit über oder unterhalb des idealen „Wohlfühlbereichs" von ca. 25–30 °C liegen.

Reptilien haben sich seit Hunderttausenden von Jahren durch Evolution an diese Bedingungen angepasst – also gehört die Ruhephase bei diesen Tieren unbedingt zum natürlichen Jahresrhythmus!

Denken wir nur an einheimische Eidechsen und Schlangen, die in unserem Klima auch monatelang überwintern müssen. Eine gesunde Schildkröte wird deshalb vom ersten Lebensjahr an die mehrmonatige Ruhephase problemlos überstehen.

Wie macht eine Schildkröte das eigentlich?

Die Vorbereitung auf die Winterstarre geschieht durch verschiedene Auslöse-Reize („Trigger“), wie z. B. die Tageshelligkeit, das Tag-Nacht-Temperaturgefälle u. a. Im Körper werden bestimmte Stoffe gebildet, die den Tieren das Leben in Ruhe ermöglichen. Dies sind sogenannte Kälteschutz-Proteine oder auch diverse Zucker (z. B. Glukose). Diese Stoffe zirkulieren bei deutlich reduzierter Stoffwechselaktivität im Blut und verhindern so u. a. das Erfrieren bei niedrigen Temperaturen und kurzzeitigen Minusgraden. Nach Beendigung der Ruhephase werden diese Stoffe in der Leber und den Nieren abgebaut – und die Tiere wieder aktiv. Zwei Dinge sind für eine artgerechte Überwinterung besonders wichtig: erstens ausreichend Zeit für die Vorbereitung – und zweitens ein gesunder Organismus!

Es dürfte einleuchtend sein, dass die Vitalität eines in Menschenobhut gehaltenen Tieres weitgehend abhängig von den Haltungsbedingungen ist. Deshalb kommt es zwingend darauf an, dass sich der Interessent so gut wie möglich über die Lebensweise und -bedingungen seiner zukünftigen Pfleglinge in der Natur informiert, um diese dann so artgerecht wie möglich halten zu können! Diese Sachkunde (Infos unter: www.sachkundenachweis.de) ist die Grundvoraussetzung für eine erfolgreiche Haltung von Schildkröten und anderen Reptilien. Es spricht im Übrigen geradezu für das Verantwortungsbewusstsein eines potentiellen Tierhalters, wenn er aufgrund fehlender oder mangelhafter Möglichkeiten ganz auf das Halten verzichtet!

Für allgemeine Fragen zur Pflege von Schildkröten empfiehlt sich der Kontakt zu einem erfahrenen Halter/Züchter – in allen Fragen zur Gesundheit ist ein qualifizierter Fachtierarzt oder eine -ärztin der richtige Ansprechpartner. Aktuelle Adressen finden sich bei den jeweiligen Landestierärztekammern (www.tieraerztekammer.de) oder auf der Homepage der Deutschen Gesellschaft für Herpetologie und Terrarienkunde (www.dght.de).

Grundsätzlich beinhaltet eine korrekte medizinische Herangehensweise immer die folgenden drei Schritte:

1. Die Anamnese

Hierbei ist der Tierhalter in besonderem Maße gefordert! In der Regel fragt der Tierarzt nach allen Haltungsparametern. So z. B. nach der Art und Größe des Terrariums/Geheges, der Art und Marke der Beleuchtung, dem Temperaturregime (z. B. Tag-Nacht-Gefälle) und vieles mehr.

Der Halter kann an den gezielten Fragen die Fach-Kenntnis des Tierarztes erkennen – dies gilt bei den Antworten aber auch umgekehrt! Es empfiehlt sich, die Angaben in Form von schriftlichen Aufzeichnungen zum „Tierarzt-Check" mitzubringen. Dazu gehört insbesondere auch die Dokumentation der Gewichtsentwicklung jedes einzelnen Tieres.

2. Die Diagnostik

Vor jeder Behandlung steht immer die eingehende diagnostische Abklärung des Gesundheitszustands. Dazu sind neben einer allgemeinen Untersuchung häufig weitere Maßnahmen, wie z B. Untersuchungen des Blutes oder des Kots, notwendig. Auch mithilfe von medizintechnischen Geräten (Röntgen, Ultraschall, Endoskopie etc.) wird eine möglichst eindeutige Diagnose gestellt, die einzig und allein die Grundlage für eine eventuell erforderliche Behandlung sein kann!

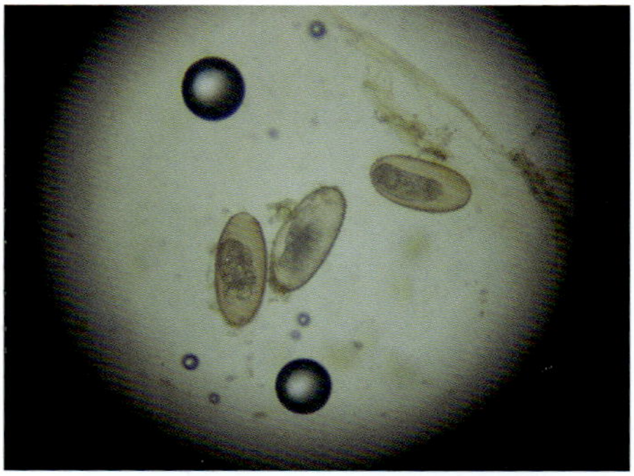

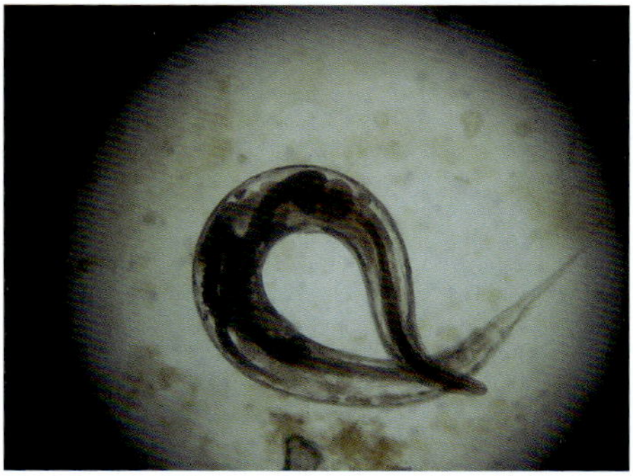

Oben: Oxyuren-Eier,
Unten: Oxyuren,
Fotos: Dr. Steffen Böttcher

3. Die Therapie:

Die medizinische Behandlung von Mensch und Tier richtet sich nach den Ergebnissen der Diagnostik. Es ist einleuchtend, dass nur eine optimale Untersuchung eine optimale Therapie ermöglicht. Je nach Befund werden mit dem Tierhalter die therapeutischen Vorgehensweisen besprochen. Intensive Behandlungen werden in der Regel stationär in der Tierarztpraxis durchgeführt. Der Halter kann aber häufig – nach Anleitung – die Weiterbehandlung daheim weiterführen.
Auch der Gesundheits-Check vor einer Winterstarre wird in der hier genannten Reihenfolge durchgeführt. Aufwendigere Untersuchungen sind insbesondere dann erforderlich, wenn sich während der Anamnese Hinweise auf eine nicht-optimale Haltung der Tiere ergeben!

Rechtzeitig vor jeder Ruhephase sollte eine Überprüfung des Parasitenstatus in den inneren Organen (z. B. Magen-Darm-Trakt) von Schildkröten erfolgen. *Eine „prophylaktische Entwurmung“ ohne eindeutige Diagnose ist grundsätzlich abzulehnen!* Dies ist schon deshalb einleuchtend, da es kein „Universal-Medikament“ gegen die Vielzahl von Parasiten, die bei Schildkröten gefunden werden, gibt!

Bereits im Spätsommer sollte eine entsprechende Kotuntersuchung durchgeführt werden, damit für die Behandlung (ca. 4 Wochen!) noch genügend Zeit, und zwar vor der Ruhephase, verbleibt. Das Untersuchungsergebnis bestimmt die Therapie: Je nach Art der Parasiten müssen ein- oder mehrmalig Medikamente verabreicht werden. Bei Befall mit verschiedenen Parasiten wird zunächst die Reihenfolge der Behandlung festgelegt (Therapie-Plan). In der Regel geschieht dies entsprechend dem krankmachenden Potential eines Parasiten sowie nach Befallsstärke. Voraussetzung für eine erfolgreiche Therapie ist das zeitweise Unterbringen der zu behandelnden Tiere in Quarantäne-Einrichtungen (z. B. Plastikwannen mit leicht zu wechselnden Unterlagen). Der Grund liegt darin, dass die meisten Parasiten einen *direkten Wirts-Zyklus* haben, d. h., die mit dem Kot ausgeschiedenen Eier sind sofort wieder ansteckend (infektiös). Daher wäre eine Behandlung ohne Quarantäne weitgehend wirkungslos.

Bei einem unauffälligen Untersuchungsergebnis wird die uneingeschränkte Überwinterung empfohlen. Dabei sollten sich die Tiere idealerweise möglichst von allein auf diese vorbereiten können. Voraussetzung dabei ist die Haltung bis zur Ruhephase im Freiland!

Die folgenden Faktoren sind besonders wichtig und müssen unbedingt beachtet werden – anderenfalls droht Lebensgefahr:

a) Auf die ausreichende Aufnahme von Wasser muss geachtet werden. Keinesfalls sollte der Inhalt der Harnblase vor oder während der Starre in größeren Mengen abgegeben werden (Gewichtskontrolle auch während der Starre!). Damit wäre die eigenständige Regulierung des Wasserhaushaltes der Tiere massiv gestört – es droht die Austrocknung!

b) Intensives Baden, z. B. zur vielfach propagierten „Darmentleerung" vor der Überwinterung ist schädlich: Als Pflanzenfresser sind mediterrane Schildkröten auf eine komplizierte und vielfältige Darmflora angewiesen. Fehlt diese ganz oder teilweise, kommt es zur Verschiebung ihres Gleichgewichts. Potentiell krankmachende Bakterien können sich ungehindert vermehren – insbesondere auch, weil die Immunabwehr in der Ruhephase reduziert ist. Eine der möglichen Folgen wäre z. B. die berüchtigte Sepsis, die sich an rötlichen Verfärbungen des Panzers zeigen kann.

Aber aufgepasst: Nicht jede Rotfärbung ist pathologisch! Durch die physiologische Veränderung in der Zusammensetzung des Blutes kommt es manchmal auch bei gesunden Tieren zu „Einblutungen" im Bereich des Panzers. Diese Flecken sollten aber bei aufwachenden Tieren immer innerhalb weniger Tage von selbst verschwinden. In allen Zweifelsfällen ist die Rücksprache mit einem(r) Fachtierarzt/-ärztin dringend notwendig!

Im obenerwähnten ausführlichen Gespräch zwischen Tierhalter und Tierarzt wird nach Vorliegen sämtlich notwendiger Befunde das weitere Vorgehen beraten. Dabei gilt es z. B. die Gesundheitsrisiken abzuwägen, die sich durch die Ruhephase – oder auch durch den Verzicht auf diese – ergeben könnten.

In vielen Fällen ist eine kontrollierte Überwinterung z. B. in einem Kühlschrank möglich! Die Winterstarre kann auch verkürzt durchgeführt werden.

Reptilien sind durch ihre besondere Physiologie besonders anspruchsvolle Pfleglinge. Unter artgerechten Bedingungen ist die Haltung und Nachzucht jedoch in vielerlei Hinsicht sinnvoll und sogar notwendig – z. B. im Falle von bedrohten Arten! Selbst zur Erweiterung des wissenschaftlichen Erkenntnisstandes zu einer Reptilienart kann der sachkundige Halter beitragen. Hier gilt das Motto „Nur, was man kennt, kann man schützen" ganz besonders.
Die exzellente Zusammenarbeit zwischen sachkundigen Tierhaltern und spezialisierten Tierärzten dient dabei gleich mehreren Zielen:

Mit Freude gesunde Tiere in artgerechter Umgebung beobachten!

Maurische Landschildkröte *(Testudo graeca ibera)* im Freigehege

XIV

Für eilige Leser: Winterstarre in der Monatsübersicht

So starke Schneefälle sind in Mittelhessen eher selten, man sollte jedoch immer damit rechnen.

August:

Tiere 1-mal baden, Kotprobe beim Fachtierarzt abgeben, Wiegen und Gewicht notieren, Gesundheits-Check; Tiere sind aktiv und fressen.

September:

Tiere beobachten, ein weiteres Mal baden, Wiegen und Gewicht kontrollieren, Gesundheits-Check; die Tiere fressen nun deutlich weniger und werden nach und nach ein klein wenig inaktiver. Tagsüber schaffen Wärmelampen die benötigte Stoffwechseltemperatur. Im Schutzhaus können die Temperaturen nachts meist noch ohne Heizmöglichkeit auf mindestens 12–15 °C gehalten werden.

Oktober:

Tiere beobachten, Wiegen und Gewicht notieren, Gesundheits-Check; Tiere werden nun immer inaktiver, verstecken sich häufig im Schutzhaus oder vergraben sich kurzzeitig im Substrat. Die Tiere fressen kaum noch. Sie benötigen tagsüber nach wie vor Wärmelampen. Die Temperaturen im Schutzhaus können nachts nun meist nur noch mit Heizmöglichkeit auf ca. 10–12 °C gebracht werden.

November:

Die Tiere fressen nicht mehr, vergraben sich meist dauerhaft im Schutzhaus und beginnen somit ihre Winterstarre; Wärmelampen komplett ausschalten, wenn sich das letzte Tier für mehrere Tage vergraben hat. Das nun ermittelte Gewicht ist der Wert, von dem die Tiere maximal 5 % Gewicht abnehmen sollten. Heizmöglichkeiten im Schutzhaus halten nun den Innenraum frostfrei.

Dezember bis Februar:

Die Tiere befinden sich in der Winterstarre und verbringen die Zeit an einem dunklen Ort (z. B. eingegraben im Schutzhaus, in eine Plastikkiste im Kühlschrank etc.) bei einer optimalen Temperatur zwischen 4 und 5 °C. Die Heizmöglichkeiten im Schutzhaus halten den Innenraum bzw. die Überwinterungsstelle der Tiere in der Erde frostfrei.

März:

Die Tiere wachen nun wieder auf und beenden ihre Winterstarre.
Tiere, die im Frühbeet oder Gewächshaus überwintert wurden, registrieren von sich aus den Temperaturanstieg. Dazu sind meist 3–5 Tage nötig, an denen Tageshöchsttemperaturen von ca. 18 °C erreicht werden.
Tiere, die im Kühlschrank ihre Winterstarre halten, bekommen von den frühlingshaften Temperaturen kaum etwas mit. Daher sollte man die Tiere wieder zurück in das Schutzhaus überführen, wenn an 3 aufeinanderfolgenden Tagen mindestens 18 °C Tageshöchsttemperatur erreicht wurde. Gegen zu kalte Nachttemperaturen sollte eine Heizmöglichkeit eingeschaltet werden, um die Nachttemperatur auf mindestens 10 °C zu bringen. Die Wärmelampen sind nun tagsüber anzuschalten.

Danksagung

Nur durch die freundliche Mithilfe von Freunden, Schildkrötenhaltern und weiteren fleißigen Unterstützern konnte dieses ausführliche Buch über die Winterstarre Europäischer Landschildkröten entstehen.

Daher bedanke ich mich ganz besonders bei Monika Geier, Larissa Geier, Danielle Conrad, Conny Conrad und Pamela Simon für deren Unterstützung.

Für die Bereitstellung von Fotos und weiteren Informationen sowie Erfahrungsaustausch danke ich herzlich Dr. Steffen Böttcher, Christine Dworschak, Ude Fass, Larissa Geier, Urs Jost, Yannis Lagies, Dagmar Lerch, Sandra Malguth, Petra Mederer, Gunda Meyer de Rojas, Bernd Pitzer, Gerhard Schulz, Susanne Vogt, Xaver Wapelhorst und Annemarie Winter.

Ein großes Dankeschön gilt auch dem Tierarzt Frank Mittenzwei, der speziell für mein Buch ein eigenes Kapitel *(„Tierarzt-Check“)* verfasst hat.

Für die Umsetzung bedanke ich mich sehr bei Bernd Ehgart (Lektorat), Hans - Dieter Philippen (Fachlektorat) und Katharina Feld (Gestaltung).

Quellenverzeichnis

Literatur:

FASS, UDE. 2013. Haltung der Steppenschildkröte *Agrionemys horsfieldi* (im Druck). Biebertal: Kleintierverlag.

GEIER, THORSTEN. 2005. Fester Panzer – weiches Herz. Tipps, Tricks und Erfahrungen bei der Haltung von europäischen Landschildkröten. Biebertal: LSK-Verlag, 82 S.

GEIER, THORSTEN. 2008. Fester Panzer – weiches Herz. Ein Ratgeber zur naturnahen Haltung Europäischer Landschildkröten. Biebertal: Kleintierverlag, 175 S.

GEIER, THORSTEN. 2012. Überwinterung europäischer Landschildkröten. MARGINATA (36), 9(4). S. 42-53.

KUCHLING, GERALD. 1981. Effect of Temperature and Photoperiod on Spermatogenesis in the Tortoise, *Testudo hermanni hermanni* GMELIN, Amphibia-Reptilia, 2(4): 329-341.

KUCHLING, GERALD. 1999. The reproductive Biology of Chelonia. Berlin: Springer Verlag.

LAMBERT, M.R.K. 1981. Temperature, activity and field sighting in the Mediterranean spur-thighed or common garden tortoise *Testudo graeca. Biological Conservation* 21: 39-54.

LAMBERT, M.R.K. 1983. Some factors influencing the Moroccan distribution of the western Mediterranean spur-thighed tortoise *Testudo graeca,* and those precluding its survival in N.W. Europe. *Zoological Journal of the Linnean Society* 79: 149-179.

Lawrence K. 1987. Seasonal variation in blood biochemistry of long-term captive Mediterranean tortoises *(Testudo graeca and T hermanni)*. Res Vet Sci. 1987 Nov; 43(3): 379-383.

Meek, Roger/Jayes, Alan S. 1982. Body temperatures and activity patterns of *Testudo graeca* in North West Africa. *British Journal of Herpetology* 6: 194-197.

Philippen, Hans - Dieter. 2008. Die Kühlschrankmethode. Ein erprobtes, ideales Modell zu Hibernation (Winterstarre) von Schildkröten. Terraria (13), 3(5): S. 32-36.

Vinke, Thomas/Vinke, Sabine. 2004. Vermehrung von Landschildkröten. Offenbach: Herpeton, 189 S.

Wapelhorst, Xaver. 2008. Überwinterung von Schildkröten im Keller-Lichtschacht. Terraria (13), 3(5): 37-39.

Wegehaupt, Wolfgang. 2006. Natürliche Haltung und Zucht der Griechischen Landschildkröte. Kressbronn am Bodensee: Wegehaupt Verlag, 352 S.

Internet:

Aline/Franck. 2006. http://s3.archive-host.com/membres/up/77865810/Hibernation/ChelonienshibEnglish.pdf. Chéloniens n° 2, 2006; http://tortues-actions.naturalforum.net. Stand (zuletzt abgerufen am 17.04.2013)

Erläuterungen dazu: http://www.graeca-home.de/GraecaZUSterblichkeitsrate.htm (zuletzt abgerufen am 17.04.2013).

Thorsten Geier

FESTER PANZER – WEICHES HERZ

Der bekannte Buchautor möchte die naturnahe Haltung von Europäischen Landschildkröten anschaulich und verständlich erläutern. Dazu gibt er in seinem Buch auf der Grundlage langjähriger fundierter Erfahrung eine Fülle von Ratschlägen und Hinweisen.

In einem eigenen Kapitel wendet er sich auch an unsere jüngsten Schildkrötenfreunde. Besonders sie (und ihre Eltern) möchte er für einen artgerechten Umgang mit Schildkröten gewinnen. Auch deswegen enthält das Buch viele eindrucksvolle Bilder.

2. Auflage 2008, 175 Seiten, 185 Fotos, zahlreiche Abbildungen, ab 12 Jahren, 14,8 x 21 cm, Softcover. ISBN 978-3-9811212-2-3

€ 14,80

Thorsten Geier

WINTERSTARRE
bei Europäischen Landschildkröten

Naturnahe Vorbereitung und erfolgreiche Überwinterung, Ratgeber zur Haltung Europäischer Landschildkröten, Band 1

Sie erhalten klar und übersichtlich dargestellte Informationen zur grundsätzlichen Bedeutung der Winterstarre für die Arten und deren Gesundheit. Vorbereitung, Durchführung und Beendigung der Überwinterung, einschließlich damit zusammenhängender Probleme und Irrtümer werden detailliert beschrieben. Dazu gibt es wichtige Informationen von Tierarzt Frank Mittenzwei.

1. Auflage 2013, 199 Seiten, 236 Fotos, zahlreiche Abbildungen, ab 12 Jahren, 14,8 x 21 cm, Softcover, ISBN 978-3-9811212-9-2

€ 16,80

Ude Fass

Die Haltung der Steppenschildkröten *Agrionemys horsfieldii*

Faszinierende Tiere aus ariden Gebieten

Steppenschildkröten haben sich im Laufe der Evolution sehr gut an das extreme Klima ihres Herkunftslandes und die damit verbundenen harten Lebensbedingungen angepasst. Neben zahlreichen Habitatsaufnahmen, Verbreitungskarten und beeindruckenden sowie detaillierten Zeichnungen der verschiedenen Unterarten setzt der Ratgeber den Schwerpunkt auf die Haltung, Zucht und Ernährung dieser faszinierenden Tiere.

1. Auflage 2013, 187 Seiten, 249 Fotos, zahlreiche Diagramme und Zeichnungen, ab 12 Jahren, 14,8 x 21 cm, Softcover. ISBN 978-3-9811212-8-5

€ 19,80

Thorsten Geier

Faszination Schildkröten – Ein Bildband

Aus der Idee, einen Bildband über Schildkröten zu gestalten, hat der Kleintierverlag den Foto-Wettbewerb „Schildkröten-Bildband" initiiert. Entdecken Sie in diesem beeindruckenden Bildband über 50 verschiedene Schildkröten-Arten. Es erwarten Sie wunderschöne Aufnahmen von Meeresschildkröten, Riesenschildkröten, Sumpf- und Wasserschildkröten, Tropischen Schildkröten sowie (Europäischen) Landschildkröten. Auch Sie werden begeistert sein! Durch den Verkauf werden ausgewählte Schildkröten-Projekte unterstützt.

1. Auflage 2012, 184 Seiten, 178 Fotos, 30 x 21,5 cm, hochwertige Hardcover-Bindung. ISBN 978-3-9811212-6-1

€ 34,80

Christine Dworschak

Testudo und Hermanni – zwei Schildkröten, wie sie unterschiedlicher nicht sein können

Testudo stammt aus einer ausgesprochen guten Haltung mit einem traumhaft angelegten Freigehege, großem Gewächshaus, Wärmelampen und gesundem sowie abwechslungsreichem Futter. Hermanni wurde beim Vorbesitzer zwar auch sehr liebevoll behandelt, jedoch aus Unwissenheit hingegen fast zu Tode „geliebt". Dieses Buch führt sehr anschaulich durch das gesamte Schildkrötenjahr und lässt auch jüngere Kinder, gemeinsam mit ihren Eltern, die Schildkrötenhaltung auf einfache, liebevolle und sicher auch sehr humorvolle Art und Weise verstehen.

1. Auflage 2014, 95 Seiten, 154 Fotos, ab 12 Jahren, 14,8 x 21cm, Softcover. ISBN 978-3-944484-03-7

€ 12,50

Danielle Rohrer

Mein Leben als Wasserschildkröte

Gelbwangen-Schmuckschildkröte „Snubby" erzählt aus ihrem Leben und gibt Tipps zum artgerechten Umgang mit Wasserschildkröten. Wichtige Aspekte werden vorgestellt: Ernährung, Möglichkeiten der Unterbringung im Haus, Teichhaltung im Sommer, Überwinterung und Vermeidung von Krankheiten. Die Autorin schreibt in einem „lockeren Ton" aus der Sichtweise einer Wasserschildkröte und ergänzt ihre Darstellung mit persönlichen Erfahrungen und Tipps. Viele schöne Farbfotos und liebevolle Illustrationen machen dieses Buch zu einer ebenso unterhaltsamen wie lehrreichen Lektüre.

1. Auflage 2010, 82 Seiten, 64 Fotos, ab 6 Jahren, 14,8 x 21 cm, Softcover. ISBN 978-3-9811212-4-7

€ 12,50

Dr. Carsten Schneider

Das Pantherchamäleon

Mit dem Hintergrundwissen eines Mediziners, detailliert, sehr verständlich und an der Praxis orientiert informiert Dr. Carsten Schneider zu Haltung und Zucht der Pantherchamäleons. Über Terrarienhaltung hinaus zeigt der Autor, wie sich die Lebensbedingungen dieser Tiere so naturnah wie möglich gestalten lassen.

Allen, die sich für Furcifer pardalis interessieren, sei dieses Buch empfohlen, nicht zuletzt auch wegen seiner herausragenden Qualität auf dem Gebiet der Tierfotografie.

1. Auflage 2011, 134 Seiten, 87 Fotos, ab 12 Jahren, 14,8 x 21 cm, Softcover, ISBN 978-3-9811212-5-4

€ 14,80

Kurt Orth

Die Vierstreifennatter
Elaphe quatuorlineata

Die Vierstreifennatter ist eine beliebte ungiftige Natternart und lebt in Süd-/Südost-Europa. Aufgrund der beachtlichen Körperlänge werden die ausgewachsenen Tiere auch als „europäische Riesenschlangen“ bezeichnet. Jungtiere sind anfangs kontrastreich gefleckt, erst nach einigen Jahren ändert sich das Fleckenmuster sukzessiv zu den in der Namensgebung benannten vier Längsstreifen. Um die Tiere in menschlicher Obhut möglichst artgerecht zu halten, informiert der Autor über die Lebensweise im natürlichen Verbreitungsgebiet und stellt die wichtigsten Aspekte der Haltung sowohl im Zimmer-Terrarium als auch im geschützten Freiland-Terrarium zusammen.

1. Auflage 2013, 67 Seiten, 52 Fotos, 14,8 x 21 cm, Softcover. ISBN 978-3-944484-01-3

€ 12,50

Monique Müller

Ratgeber zur Haltung von Steppenlemmingen

Die Autorin hat viele Jahre Erfahrung in artgerechter Haltung Grauer Steppenlemminge. Ausgehend von der natürlichen Lebensweise dieser liebenswerten Tiere informiert dieser Ratgeber Sie zu allem, was Sie für den täglichen Umgang mit Steppenlemmingen wissen müssen.

Sie erfahren, wie Sie Lemminge artgerecht unterbringen, fit und gesund halten, beschäftigen und ernähren, zähmen und züchten, damit Sie und Ihre Lieblinge gemeinsam viel Spaß haben.

2. Auflage 2014, 66 Seiten, 60 Fotos, ab 10 Jahren, 14,8 x 21 cm, Softcover, ISBN 978-3-944484-02-0

€ 9,80